Andreas Pfitzmann
Alexander Schill
Andreas Westfeld
Gritta Wolf

Mehrseitige Sicherheit in offenen Netzen

DuD-Fachbeiträge

herausgegeben von Andreas Pfitzmann, Helmut Reimer, Karl Rihaczek und Alexander Roßnagel

Die Buchreihe DuD-Fachbeiträge ergänzt die Zeitschrift DuD – Datenschutz und Datensicherheit in einem aktuellen und zukunftsträchtigen Gebiet, das für Wirtschaft, öffentliche Verwaltung und Hochschulen gleichermaßen wichtig ist. Die Thematik verbindet Informatik, Rechts-, Kommunikations- und Wirtschaftswissenschaften.
Den Lesern werden nicht nur fachlich ausgewiesene Beiträge der eigenen Disziplin geboten, sondern auch immer wieder Gelegenheit, Blicke über den fachlichen Zaun zu werfen. So steht die Buchreihe im Dienst eines interdisziplinären Dialogs, der die Kompetenz hinsichtlich eines sicheren und verantwortungsvollen Umgangs mit der Informationstechnik fördern möge.

Unter anderem sind erschienen:

Hans-Jürgen Seelos
Informationssysteme und Datenschutz im Krankenhaus

Heinrich Rust
Zuverlässigkeit und Verantwortung

Joachim Rieß
Regulierung und Datenschutz im europäischen Telekommunikationsrecht

Ulrich Seidel
Das Recht des elektronischen Geschäftsverkehrs

Rolf Oppliger
IT-Sicherheit

Günter Müller, Kai Rannenberg, Manfred Reitenspieß, Helmut Stiegler
Verläßliche IT-Systeme

Kai Rannenberg
Zertifizierung mehrseitiger IT-Sicherheit

Hannes Federrath
Sicherheit mobiler Kommunikation

Volker Hammer
Die 2. Dimension der IT-Sicherheit

Michael Sobirey
Datenschutzorientiertes Intrusion Detection

Rainer Baumgart, Kai Rannenberg, Dieter Wähner und Gerhard Weck (Hrsg.)
Verläßliche IT-Systeme

Alexander Röhm, Dirk Fox, Rüdiger Grimm und Detlef Schoder (Hrsg.)
Sicherheit und Electronic Commerce

Dogan Kesdogan
Privacy im Internet

Kai Martius
Sicherheitsmanagement in TCP/IP-Netzen

Alexander Roßnagel
Datenschutzaudit

Patrick Horster (Hrsg.)
Systemsicherheit

Gunter Lepschies
E-Commerce und Hackerschutz

Andreas Pfitzmann, Alexander Schill, Andreas Westfeld, Gritta Wolf
Mehrseitige Sicherheit in offenen Netzen

Andreas Pfitzmann
Alexander Schill
Andreas Westfeld
Gritta Wolf

Mehrseitige Sicherheit in offenen Netzen

Grundlagen, praktische Umsetzung und in Java implementierte Demonstrations-Software

Unter Mitarbeit von Guntram Wicke und Jan Zöllner

vieweg

Die Deutsche Bibliothek – CIP-Einheitsaufnahme
Ein Titeldatensatz für diese Publikation ist bei
der Deutschen Bibliothek erhältlich.

Softcover reprint of the hardcover 1st edition 2000
Der Verlag Vieweg ist ein Unternehmen der Fachverlagsgruppe BertelsmannSpringer.

www.vieweg.de

Höchste inhaltliche und technische Qualität unserer Produkte ist unser Ziel. Bei der Produktion und Verbreitung unserer Bücher wollen wir die Umwelt schonen. Dieses Buch ist deshalb auf säurefreiem und chlorfrei gebleichtem Papier gedruckt. Die Einschweißfolie besteht aus Polyäthylen und damit aus organischen Grundstoffen, die weder bei der Herstellung noch bei Verbrennung Schadstoffe freisetzen.

Konzeption und Layout des Umschlags: Ulrike Weigel, www.CorporateDesignGroup.de
Gesamtherstellung: Lengericher Handelsdruckerei, Lengerich

ISBN-13: 978-3-322-84954-0 e-ISBN-13: 978-3-322-84953-3
DOI: 10.1007/978-3-322-84953-3

Inhalt

Über dieses Buch

Im vorliegenden Buch werden dem Leser neue Konzepte zum Thema mehrseitige Sicherheit, die im Rahmen des Projektes SSONET (Sicherheit und Schutz in offenen Datennetzen) gewonnen wurden, vermittelt. Die gewonnenen Erkenntnisse werden durch die Darstellung von prototypischen Systemen und Benutzungsoberflächen anschaulich gemacht (z. B. Kapitel 2.4, 4 und 5). Dabei werden gewählte Vorgehensweisen und Entscheidungen bei der Erstellung und Nutzung einer Sicherheitsplattform für mehrseitige Sicherheit systematisch diskutiert. Es wird u.a. beschrieben, wie Anwendungen auf der geschaffenen Plattform aufgesetzt werden können (Kapitel 7) und wie Nutzer in einem Anwendungstest eine entwickelte Benutzungsoberfläche bewerteten (Kapitel 8). Auf CD-ROM sind die im Projekt entstandenen Demonstratoren beigelegt, um die entwickelten Konzepte praktisch erfahrbar zu machen. So wird dem Leser eine Möglichkeit gegeben, im spielerischen Umgang mit dem System Aspekte der Kommunikationssicherheit am Beispiel der hier vermittelten Lösung zu erlernen. Zur besseren Einordnung der präsentierten Lösung wird im Kapitel 10 ein Vergleich mit anderen Konzepten und Technologien gezogen.

Das Buch richtet sich an Personen, die für die Problematik der Kommunikationssicherheit sensibilisiert sind und sich dafür interessieren, wie die eigene Kommunikation – sei es privat oder in Unternehmen – effektiv gesichert werden kann. Dieser Personenkreis schließt Planer und Entscheider in Firmen wie den privaten PC-Nutzer ein. Weiterhin eignet sich das Buch für Personen und Organisationen, die sich für Datenschutz und Datensicherheit allgemein, oder spezieller für Sicherheit in Kommunikationssystemen und die Gestaltung von Sicherheitsinfrastrukturen interessieren. Das Buch wird nützlich sein für Entwickler verteilter Anwendungen, Leser aus der Middleware- und der Java-Community und im Umfeld der Linux- und der Open-Source-Community sowie Gestalter von Benutzungsschnittstellen (Human Computer Interaction), die sich Sicherheitsaspekten widmen wollen. Darüber hinaus ist dieses Buch für Vorlesungen und Praktika an Universitäten und Fachhochschulen einsetzbar.

Um den Lerneffekt zu erhöhen, werden in einigen Kapiteln dieses Buches Aufgaben gestellt.

Dabei handelt es sich einerseits um theoretische Aufgaben, durch die gewonnene Erkenntnisse vertieft werden sollen,

andererseits um praktische Aufgaben, die mit Hilfe der auf CD beigelegten Software zu lösen sind.

Zu den meisten Aufgaben werden im Kapitel 12.3 und im auf der CD beigefügten Dokument (Loesung.pdf) Lösungen angegeben. Für solche Aufgaben, deren Lösungen nicht konkret mit richtig oder falsch bewertet werden können oder die am eigenen Ermessen orientiert sind, handelt es sich dabei um Musterlösungen bzw. Lösungsdiskussionen.

Auf der CD befinden sich im Pfad \zum Buch\ neben den Aufgabenlösungen ein Verzeichnis \Usability Test\, in dem die Aufgabenstellung, der Fragebogen und die Auswertungsergebnisse des Usability Tests (Fragebogen.pdf, Aufgabenstellung.pdf und Ergebnisse.pdf) abgelegt sind (vgl. Kapitel 1).

Hilfestellungen zur Installation der Sicherheitsarchitektur, einer speziellen Benutzungsoberfläche zur Konfigurierung von Schutzzielen und der Demonstrationsanwendung werden im Anhang gegeben.

Weiterhin ist es explizit erwünscht, dass sich Leser dieses Buches bei Interesse auch mit den auf der CD beiliegenden Quelltexten beschäftigen.

Wir wünschen viel Spaß mit diesem Buch + CD!

Zusammenfassung

Sicherheit und Schutz spielen für viele Rechneranwendungen eine entscheidende Rolle. Beispiele dafür sind Electronic Commerce mit rechtsverbindlichen Bestell- und Zahlungsvorgängen, die Kommunikation zwischen Unternehmen mit häufig vertraulicher Information oder auch die stark expandierende private Kommunikation im weltweiten Internet.

Inzwischen existieren einschlägige Technologien zur Gewährleistung von Sicherheitsaspekten, so etwa leistungsfähige Kryptoverfahren, bis hin zu kompletten Sicherheitsinfrastrukturen. Diese sind jedoch auf einem relativ niedrigen Abstraktionsniveau angesiedelt und berücksichtigen kaum die oft sehr unterschiedlichen Schutzziele und Sicherheitsmechanismen der beteiligten Kommunikationspartner.

Das vorliegende Buch setzt genau an dieser Stelle an und beschreibt innovative Lösungen zur Realisierung mehrseitiger Sicherheit, um den unterschiedlichen Interessen verschiedener Personen in bezug auf Sicherheit und Schutz in ausgewogener Weise zu entsprechen. Dazu werden flexible Aushandlungs- und Konfigurierungsmechanismen vorgestellt, um Schutzziele wie z. B. Vertraulichkeit, Integrität oder Zurechenbarkeit aufeinander abzustimmen und durch vorhandene Sicherheitsmechanismen zu realisieren. Gleichzeitig werden Abstraktionskonzepte eingeführt, um Sicherheit auch für unerfahrene Anwender nutzbar zu machen. Weitergehende Lösungen zur Transformation und Adaption heterogener Sicherheitsmechanismen im Rahmen von Sicherheitsgateways werden aufgezeigt; auf diese Weise wird die Interoperabilität unterschiedlicher Sicherheitsimplementierungen ermöglicht.

Die konzeptionellen Ansätze wurden im Rahmen des vom BMBF (Bundesministerium für Bildung und Forschung) und BMWi (Bundesministerium für Wirtschaft und Technologie) geförderten Projekts SSONET (Sicherheit und Schutz in offenen Datennetzen) entwickelt und prototypisch validiert. Die Realisierung erfolgte auf der Basis der Programmiersprache Java und setzt alle wesentlichen Konzepte technisch um. Als Beispielanwendung dient der Bereich des Electronic Commerce. Die gesamte Systemlösung ist als wesentlicher Teil der Projektergebnisse für Zwecke von Forschung und Lehre frei verfügbar.

1 Einleitung

1.1 Motivation

Mehrseitige Sicherheit

In einer typischen verteilten Anwendung interagieren verschiedene, über ein Netz verbundene Teilnehmer miteinander. Jeder dieser Kommunikationspartner kann verschiedene Sicherheitsinteressen vertreten, wie zum Beispiel Kunde und Händler in einem Electronic-Commerce-Szenario mit Aktionen wie Kataloganforderung, Bestellung, Warentransfer etc. In vielen Fällen möchten Kunden anonym bleiben; Händler hingegen verlangen häufig eine Authentisierung. Kunden möchten sowohl Daten über bestellte Waren als auch ihre Beziehung zum Händler vertraulich halten; Händler wollen ihre Angebote ihrem „Geschäft“ zugeordnet wissen. Solche Differenzen müssen nicht immer in unvereinbaren Konflikten resultieren. Eine Aushandlung kann zur Einigung auf eine gemeinsame Kommunikationsbasis führen. Weitere Konflikte können durch abweichende Anforderungen an Sicherheitsmechanismen entstehen, die zum Teil in verschiedenen Erfahrungswerten und verschiedener Kostenakzeptanz der Nutzer oder in unterschiedlicher Leistungsfähigkeit ihrer Endsysteme begründet sein können. Mehrseitige Sicherheit bietet Lösungsmöglichkeiten für solche Konflikte an.

Mehrseitige Sicherheit
Sicherheit für alle Beteiligten, wobei jeder anderen nur minimal zu vertrauen braucht.
Jeder hat individuelle Schutzziele.
Jeder kann seine Schutzziele formulieren.
Konflikte werden erkannt und Kompromisse ausgehandelt.
Jeder kann seine Schutzziele im Rahmen der ausgehandelten Kompromisse durchsetzen.

Mehrseitige Sicherheit bedeutet, dass Kommunikationspartner ihre Schutzinteressen formulieren und auf Basis ihrer Interessen miteinander über die Sicherung ihrer Kommunikation aushandeln können. Dabei werden Konflikte erkannt und Kompromisse ausgehandelt. Jeder Partner kann im Rahmen der Aushandlungsergebnisse seinen gewünschten Schutz durchsetzen.

Die Realisierung von mehrseitiger Sicherheit führt nicht zwangsläufig dazu, dass die Interessen aller Beteiligten erfüllt werden. Möglicherweise offenbart sie sogar gegensätzliche, unvereinbare Interessen, die den Beteiligten bisher nicht bewusst waren, da Schutzziele explizit formuliert werden. Sie führt jedoch zwangsläufig dazu, dass die Partner einer mehrseitig sicheren Kommunikationsbeziehung in einem ausgewogenen Kräfteverhältnis bzgl. Sicherheit miteinander interagieren [Fede_99].

Client-Server-Systeme

Etablierte Client-Server-Architekturen finden breite Anwendung in verschiedensten Gebieten der Informationstechnik. Die Vorgehensweise dabei ist stets die gleiche: der Client fordert vom Server die Bearbeitung einer bestimmten Aufgabe und nimmt das Ergebnis entgegen, um es selbst weiter zu verarbeiten. Bei den vielfältigen Anwendungsszenarien, in denen solche Systeme eingesetzt werden, ist es zweifellos auch notwendig, sich über die Sicherheit der Anwendungen gegenüber Angriffen Gedanken zu machen. Das beinhaltet die Authentikation der Systeme, die Beachtung von Autorisierungsaspekten sowie die Verschlüsselung der Kommunikation zwischen Client und Server, um sich vor externen Angreifern zu schützen.

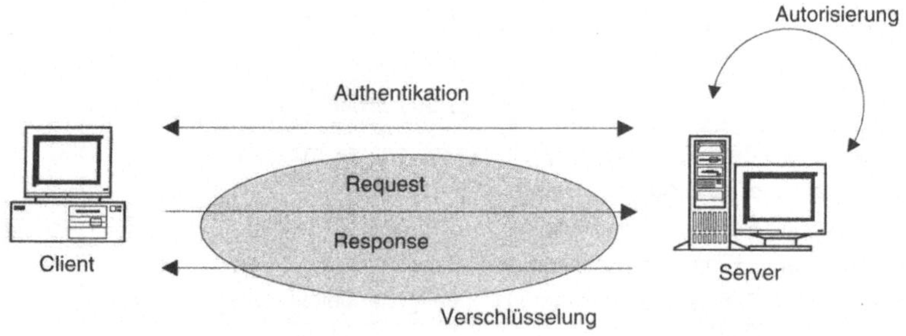

Abbildung 1: Sicherheitsverfahren bei Client-Server-Systemen

Zur Integritätssicherung werden meistens die Mechanismen des benutzten Netzes verwendet, in speziellen Fällen werden auch eigene Verfahren dafür eingesetzt.

Dabei ist bei allen Implementierungen zu beobachten, dass sie davon ausgehen, dass ein gewisses Einverständnis zwischen Client und Server bezüglich der zu realisierenden Schutzziele und zu verwendender Sicherheitsmechanismen vorausgesetzt wird oder aber eins der beiden Systeme Schutzziele und Sicherheitsmechanismen diktiert. Dies kann für feststehende Anwendungsszenarien durchaus sinnvoll sein, insbesondere wenn dabei die Anwendungen die Grenzen von z. B. Organisationseinheiten nicht überschreiten. Bei dem immer aktueller werdenden Begriff der mehrseitigen Sicherheit hingegen wird der Vielfältigkeit moderner Kommunikationsnetze Rechnung getragen, indem alle Kommunikationspartner als selbständig betrachtet werden und ihre eigenen Sicherheitsanforderungen formulieren können. Es wird also versucht, von der idealisierten und konfliktfreien Welt der Client-Server-Anwendungen zu realitätsnäheren Modellen zu gelangen.

Das vorliegende Buch widmet sich den bei der konkreten Umsetzung mehrseitiger Sicherheit auftretenden Problemen und bietet Lösungen an.

1.2 Ziele und Annahmen

Ziel des Projektes SSONET (Sicherheit und Schutz in offenen Datennetzen) war es, eine Architektur für mehrseitige Sicherheit zu schaffen, die es Endbenutzern ermöglicht, ihre Ziele bei der Sicherung der Kommunikation mit verteilten Anwendungen zu formulieren und im Rahmen einer Aushandlung mit Kommunikationspartnern zu vertreten. Das bedeutet einerseits, dass die Architektur eine Benutzungsschnittstelle zur Verfügung stellen muss, mit der sowohl Sicherheitsexperten als auch Sicherheitslaien umgehen können. Es bedeutet andererseits, dass Konzepte zum Abgleich verschiedener Nutzerinteressen auf den Ebenen von Schutzzielen wie auch Sicherheitsmechanismen entwickelt und in die Architektur integriert werden müssen. Mit Hilfe solcher Konzepte muss selbst bei konfligierenden Schutzinteressen eine gemeinsame Kommunikationsgrundlage bzgl. Sicherheitseigenschaften gefunden werden können.

Weitere Ziele für SSONET waren Plattformunabhängigkeit, Modularität und Unabhängigkeit von Sicherheitsmechanismen-Implementierungen.

Um direkt an Lösungen der wesentlichen (oben genannten) Problemstellungen zu arbeiten, war es notwendig, manche Dinge vorauszusetzen oder aus den Betrachtungen auszuschließen. Es wurden folgende *Annahmen und Einschränkungen* gemacht:

1. Es wurde das Vorhandensein *lokal sicherer Endsysteme*, d. h. für ihren unmittelbaren Benutzer sicherer Endgeräte inklusive Betriebssystem vorausgesetzt.
2. Die Betrachtungen und Entwicklungen beschränken sich auf Sicherheitseigenschaften und -mechanismen zur *Sicherung verteilter Kommunikation*. Es wurden also keine Arbeiten im Bereich Zugriffskontrolle, lokale Sicherung von Daten, etc. durchgeführt.
3. Es wird das Vorhandensein der notwendigen *Sicherheits-Infrastruktur* wie Schlüssel- und Zertifikatserver vorausgesetzt. Außerdem wird davon ausgegangen, dass ein sogenannter SSONET-Server existiert, von dem Endbenutzer und Anwendungsentwickler Referenzen laden können wie zum Beispiel allgemeine Informationen über Sicherheitseigenschaften und -mechanismen, Expertenbewertungen für Sicherheitsmechanismen und Empfehlungen für anwendungsbezogene und anwendungsunabhängige Standardeinstellungen.

1.3 Ein Anwendungsbeispiel

Die Wirkung der SSONET-Architektur lässt sich am besten am Beispiel einer verteilten Anwendung verdeutlichen. Nachfolgend wird gezeigt, wie eine Teleshopping-Anwendung profitiert, wenn sie ihre Aktionen über die SSONET-Architektur ausführt. In unserem Beispiel gibt es zwei Aktionen[1]:

1. Katalog anfordern: Der Kunde lädt sich über Internet ein multimediales Produktverzeichnis.

[1] Es kann in anderen Anwendungen, die unsere Architektur nutzen, wesentlich mehr Aktionen geben, für die die SSONET-Architektur gesonderte Netzverbindungen schaltet.

2. Bestellung: Der Kunde kann sich Artikel aus dem Katalog auswählen und über Internet bestellen.

Für diese beiden Aktionen können individuell geforderte Schutzziele umgesetzt werden. Ursprünglich schlägt der Entwickler einer verteilten SSO-NET-Anwendung die Schutzziele vor, die der Nutzer seinen Bedürfnissen anpassen und konfigurieren kann. Unser Beispiel ist als Client (Kunde) und Server (Händler) realisiert, zwischen denen die genannten Aktionen stattfinden können. Beide Seiten haben wahrscheinlich unterschiedliche Schutzinteressen bei den Aktionen. Während der Händler den Katalog möglichst weit verbreiten möchte, hat der Kunde vielleicht den Wunsch, sich anonym und unverbindlich zu informieren, wenn er einen Katalog anfordert (siehe Abbildung 2). Wie auch immer die Schutzinteressen der beiden Kommunikationspartner aussehen – über die Menüleiste stellt unsere verteilte Anwendung den Punkt *Einstellungen* zur Verfügung (siehe Abbildung 3). Für jede Aktion kann die SSONET-Architektur ein Konfigurationsfenster öffnen. Die Architektur sorgt damit für ein einheitliches Aussehen der Schutzzielkonfiguration und entbindet den Anwendungsentwickler von einer eigenen Implementierung der entsprechenden Benutzungsoberfläche.

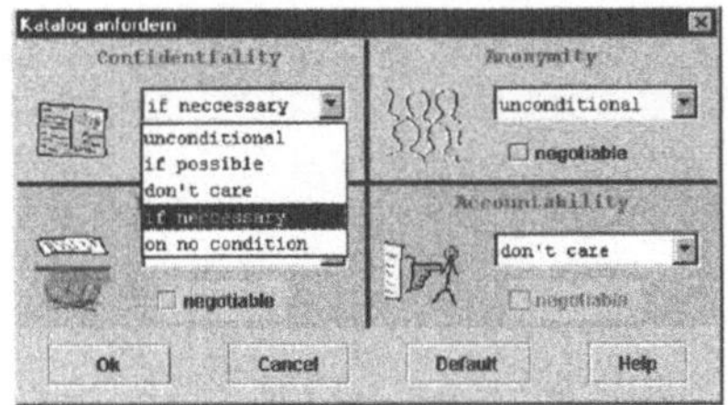

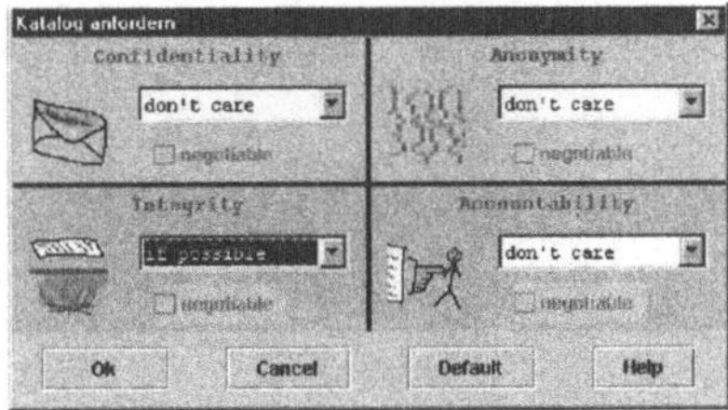

Abbildung 2: Kunde (l.) und Händler (r.) haben verschiedene Schutzinteressen für die Übertragung des Katalogs

Kunde und Händler können so ihre Schutzinteressen bezüglich der vier angebotenen Schutzziele ausdrücken (siehe auch Kapitel 4.1.3). Mit den getroffenen Einstellungen kann sich der Kunde nun mit einem Händler seiner Wahl verbinden (der den Server der verteilten Anwendung betreibt) und einen Katalog anfordern. Die SSONET-Architektur baut die Verbindung auf und handelt automatisch mit dem Händler (und seinen Einstellungen) die Schutzziele aus, die verwirklicht werden sollen. Wenn eine Einigung auf Schutzziele zustande gekommen ist, dann ermittelt die Architektur die nötigen Mechanismen, die beide Partner besitzen und in der Grundkonfiguration (siehe Kapitel 4.1.1) wählen können. Werden geeignete Mechanismen für die Umsetzung der Schutzziele gefunden, so wird die Verbindung aufgebaut und die Daten „mehrseitig sicher" übertragen.

Abbildung 3: Der Teleshopping-Katalog

Die Realisierbarkeit von Schutzzielen und die Verwendbarkeit von Mechanismen hängt darüber hinaus auch stark von der verteilten Anwendung ab. Einen entscheidenden Faktor für die Auswahl von Sicherheitsmechanismen können Leistungsanforderungen der Anwendung (z. B. Antwortzeiten) bzw. einzelner Teilaktionen (z. B. Übertragung großer Datenmengen, wie etwa Senden eines digitalen Katalogs) darstellen. Weiterhin sind einige Mechanismen geeignet für das gleiche Schutzziel, jedoch nur für bestimmte Anwendungen, wie z. B. der Anonymizer [Anon_98] für E-Mail-Kommunikation oder Crowds [ReRu_97] und Rewebber [GoWa_97] für anonyme Kommunikation im WWW.

Um mehrseitige Sicherheit nutzbar zu machen, müssen also einerseits die Interaktionsmöglichkeiten der Nutzer mit der Sicherheitsplattform nutzerfreundlich, d. h. klar und transparent gestaltet sein. Andererseits ist es notwendig, anwendungsbezogene Randbedingungen zu berücksichtigen und die Integration von Anwendungen auf die Sicherheitsplattform einfach und flexibel zu ermöglichen. Wie diese Anforderungen im Rahmen der SSONET-Sicherheitsplattform erfüllt werden, wird im folgenden beschrieben.

1.4 Überblick über die Ergebnisse

Im Projekt SSONET wurde eine Sicherheitsarchitektur für mehrseitige Sicherheit konzipiert und prototypisch implementiert [SSONET]. Auf der Basis von öffentlich verfügbaren Kryptomechanismen (der Cryptix-Bibliothek) wurde eine Plattform geschaffen, mit Hilfe derer Nutzer ihre verteilte Kommunikation aus den benutzten Anwendungen entsprechend ihren gemeinsamen Interessen sichern können.

Es wurden Benutzungsoberflächen geschaffen, mit denen sowohl Experten als auch Einsteiger im Bereich Sicherheit und Schutz in die Lage versetzt werden, ihre Schutzinteressen zu konfigurieren. Dazu wurden in die Benutzungsschnittstellen verschiedene Abstraktionsstufen von allgemeinen Angaben zur gewünschten Sicherheit über die Auswahl gewünschter Sicherheitsmechanismen bis hin zu deren Details, wie Betriebsarten und Rundenzahlen, integriert. Zur vereinfachenden Nutzung für Einsteiger wurden Standardeinstellungen für sinnvolle Sicherheitskonfigurationen vorgegeben. Mit einer der entwickelten Benutzungsschnittstellen wurde ein Benutzbarkeitstest durchgeführt, in dem die Probanden die entwickelte Schnittstelle aufgrund ihrer einfachen Bedienbarkeit und Erlernbarkeit als positiv bewerteten.

Um die formulierten Schutzinteressen mit Kommunikationspartnern abzugleichen, wurden Aushandlungsprotokolle entwickelt und implementiert. Dabei wurde besonderer Wert auf Datensparsamkeit und eine faire Gestaltung der Aushandlung gelegt. Durch die Nutzung digitaler Signaturen wurde der Aushandlungsvorgang so gestaltet, dass die Daten gegen einen Man-in-the-Middle-Angriff geschützt sind. Durch die in den Aufbau einer geschützten Kommunikationsbeziehung einbezogene Instanziierung und Aushandlung wird ein hohes Maß an Flexibilität erreicht. Dies wird mit einer je nach Übereinstimmung bzw. Abweichung der Teilnehmer in ihren Schutzzielen und den von ihnen präferierten Schutzmechanismen kürzeren oder längeren Dauer des Verbindungsaufbaus erkauft.

Um auch dann eine gesicherte Kommunikation zu ermöglichen, wenn die Teilnehmer disjunkte Mengen von Sicherheitsmechanismen zur Verfügung haben, wurden Sicherheitsgateways in die Architektur integriert. Sie sind in der Lage, zwischen verschiedenen Verfahren und Mechanismen zur Kommunikationssicherung zu konvertieren. Diese Gateways lösen keine Unstimmigkeiten bezüglich der Schutzziele der Teilnehmer, sondern erweitern die Möglichkeiten zur technischen Umsetzung der Schutzziele. Am geeignetsten sind solche Gateways zur Umsetzung von Zurechenbarkeit. Mit gewissen Annahmen in die Vertrauenswürdigkeit sind sie auch zur Umsetzung von Konzelation geeignet. Integrität mittels Gateways umzusetzen, erscheint nur für Spezialfälle sinnvoll. Die Umsetzung verschiedener Anonymitätsmechanismen ineinander erfordert umfangreichere Maßnahmen. Aus den Messungen am implementierten Prototypen ergab sich, dass die Einbeziehung von Sicherheitsgateways den Durchsatz nicht nennenswert verschlechtert.

1.5 Aufgaben

1-1 Konflikte innerhalb und außerhalb technischer Systeme – Notwendigkeit von Aushandlung

a) Welche Auswirkungen haben verschiedene Interessen bei einem Versuch der Zusammenarbeit (zunächst ohne technisches System)?

b) Welche Konsequenzen bringen Konflikte in technischen Systemen mit sich? Überlegen Sie am Beispiel zweier Teilnehmer, die über E-Mail kommunizieren wollen und unterschiedliche Schutzinteressen haben.

1-2 Konflikte und ihr Austragen

In der Welt herrscht nicht nur Harmonie – es existieren auch Konflikte. Was kann Informationstechnik (bzw. Sicherheitstechnologie im Speziellen) bezüglich der Konflikte und ihrer Lösung bewirken?

1-3 Was ist mehrseitige Sicherheit?

Versuchen Sie mit Ihren eigenen Worten zu beschreiben, was mehrseitige Sicherheit bedeutet und was durch mehrseitige Sicherheit erreicht wird.

1-4 Electronic Banking – Komfortversion

a) Was halten Sie von folgender Papierbanking-Komfortversion: Der Kunde erhält von der Bank fertige Formulare für Überweisungen auf das Konto einer anderen Person, in die nur noch der Betrag einzusetzen ist. Insbesondere wird dem Kunden die Mühe erspart, eine Unterschrift zu leisten. Die Formulare seien vor Missbrauch durch Dritte geschützt.

b) Unterscheidet sich diese Papierbanking-Komfortversion von der heute üblichen Electronic Banking Version?

c) Ändert sich dies, wenn Kunden von ihrer Bank je eine Chipkarte mit fertig geladenen Schlüsseln für MACs oder digitale Signaturen erhalten?[2]

1-5 Vertrauenswürdigkeit von Instanzen

In Aufgabe 1-4 wurden Probleme diskutiert, die in einer Bank-Kunden-Beziehung auftreten können. Manche Menschen vertreten die Meinung, dass sie ihrer Bank vertrauen und sie sich deshalb nicht gegen ihre Bank sichern müssen. Welche Gründe außer den in Aufgabe 1-4 genannten können noch dagegen sprechen? Wie sieht die Problemstellung gegenüber Händlern beim aktuellen Onlineshopping aus?

1-6 Sichere Endsysteme

a) Welche Angriffe auf lokale Endsysteme sind denkbar? Was kann ein Angreifer mit den Angriffen jeweils erreichen?

b) Wie kann man sich gegen die jeweiligen Angriffe schützen?

c) Was passiert, wenn auch nur einer der Angriffe nicht vereitelt werden kann? Wie wirkt sich ein unsicheres Endsystem auf die Kommunikationssicherheit aus?

1-7 Kommunikationssicherheit

a) Warum beschäftigen wir uns mit der Sicherung der Kommunikation?

b) Warum beschränken wir uns auf die Kommunikationssicherheit?

2 Eine Einführung in die Grundlagen von kryptographischen Sicherheitsmechanismen finden Sie in [FePf_97] auf der beiliegenden CD-ROM.

2 Schutzziele und ihre Charakteristika

Es gibt verschiedene Ansätze, die wesentlichen Schutzziele zum Schutz der Kommunikation zu differenzieren und zu strukturieren bzw. zu gruppieren. Einige davon finden sich in [Pfit_93], [RDLM_95] oder [RaPM_97]. In Tabelle 1 sind die hier insgesamt betrachteten Schutzziele geordnet.

In den folgenden Kapiteln werden zunächst Eigenschaften einzelner Schutzziele, weiterhin Wechselwirkungen zwischen Schutzzielen sowie zwischen Schutzzielen und dem Anwendungsumfeld beschrieben.

2.1 Eigenschaften einzelner Schutzziele

2.1.1 Definitionen für Schutzziele

Es gibt verschiedene Möglichkeiten, die für Kommunikation wesentlichen Schutzziele zu differenzieren und zu strukturieren bzw. gruppieren. Deshalb werden im folgenden für ausgewählte Schutzziele und entsprechende Definitionen deren Eigenschaften diskutiert.

Vertraulichkeit sichert die Geheimhaltung von Daten während der Übertragung. Niemand außer den Kommunikationspartnern kann den Inhalt der Kommunikation erkennen.

Verdecktheit versteckt die Übertragung von vertraulichen Daten. Niemand außer den Kommunikationspartnern kann die Existenz einer vertraulichen Kommunikation erkennen.

Anonymität sichert, dass ein Nutzer Ressourcen und Dienste benutzen kann, ohne seine Identität zu offenbaren. Selbst der Kommunikationspartner erfährt nicht die Identität des Nutzers.

Unbeobachtbarkeit sichert, dass ein Nutzer Ressourcen und Dienste nutzen kann, ohne dass andere beobachten können, dass die Ressource oder der Dienst genutzt wird. Dritte können weder das Senden noch den Erhalt von Nachrichten beobachten.

Integrität sichert, dass Modifikationen der kommunizierten Inhalte (Namen des Senders eingeschlossen) durch den Empfänger erkannt werden.

Zurechenbarkeit sichert, dass Sendern bzw. Empfängern von Informationen das Senden bzw. der Empfang der Informationen gegenüber Dritten bewiesen werden kann.

Verfügbarkeit sichert die Nutzbarkeit von Ressourcen und Diensten, wenn ein Teilnehmer sie benutzen will.

Erreichbarkeit sichert, dass zu einer Ressource (Nutzer oder Maschine) Kontakt aufgenommen werden kann, wenn gewünscht.

Verbindlichkeit sichert, dass ein Nutzer belangt werden kann, um seine Zusagen innerhalb einer angemessenen Zeit zu erfüllen.

Pseudonymität sichert, dass ein Nutzer eine Ressource oder einen Dienst benutzen kann, ohne seine Identität preiszugeben, ihm aber trotzdem diese Nutzung zurechenbar ist.

Alle Definitionen außer für Verdecktheit, Erreichbarkeit und Verbindlichkeit wurden aus [CC2_98] entnommen bzw. sind an die dort genannten angelehnt.

Da in dieser Arbeit nur Kommunikationssicherheit betrachtet wird, wird der breite Begriff *Ressource* im Folgenden durch *Nachricht*, *Daten* oder *Server* ersetzt.

2.1.2 Schutzgegenstand

Wie in Tabelle 1 zusammenfassend gezeigt, unterscheiden sich die genannten Schutzziele im Gegenstand ihres Schutzes. Einige schützen Kommunikationsinhalte (was wird gesendet oder empfangen), andere schützen Kommunikationsumstände wie Identitäten oder Adressen (wer sendet oder empfängt wann, wie und wo). Zusätzlich wird nach [ZSIe_89] unterschieden, welchen Bedrohungen begegnet werden soll und welche Art von Sicherheit dementsprechend gewünscht wird.

Schutz der / mögliche Bedrohungen	Kommunikations-inhalte	Kommunikations-umstände
unautorisierter Zugriff auf Informationen → Vertraulichkeitsziele	Vertraulichkeit Verdecktheit	Anonymität Unbeobachtbarkeit
unautorisierte Modifikation von Informationen → Integritätsziele	Integrität	Zurechenbarkeit
unautorisierte Beeinträchtigung der Nutzbarkeit → Verfügbarkeitsziele	Verfügbarkeit	Erreichbarkeit Verbindlichkeit

Tabelle 1: Schutzziele für sichere Kommunikation – Schutzgegenstand und Bedrohungen

2.1.3 Angreifer und Perspektiven

Aus der Sicht eines Teilnehmers können Kommunikationspartner und nicht an der Kommunikation Beteiligte (sogenannte Dritte) als potenzielle Angreifer gesehen werden. Schutzziele unterscheiden sich in ihrem Wirkungsbereich gegenüber Angreifern. Manche Schutzziele bieten Schutz vor nicht an der Kommunikation beteiligten Dritten, andere dagegen sogar vor Kommunikationspartnern. Anonymität und Unbeobachtbarkeit sowie Zurechenbarkeit und Erreichbarkeit bieten Schutz gegen den Kommunikationspartner. Diese Schutzziele schließen einen Schutz vor Dritten mit ein. Schutz gegen Dritte (und nur diese) kann weiterhin erreicht werden durch Vertraulichkeit und Verdecktheit, sowie Integrität und Verfügbarkeit.

Die verschiedenen Eigenschaften der Schutzziele implizieren jedoch nicht nur verschiedene Angreifermodelle, sondern auch verschiedene Sichten der Teilnehmer auf jedes Schutzziel. In diesem Kapitel werden für alle Schutzziele die verschiedenen Perspektiven der Akteure diskutiert. Fokus dieser Diskussion ist der Schutz der ausgetauschten Nachrichten, was im folgenden zur Vereinfachung nicht mehr explizit erwähnt wird.

Schutzziele, die den *Inhalt* betreffen (siehe Tabelle 1), müssen beide Kommunikationspartner[3] gemeinsam verfolgen (bzw. sich darauf einigen). Die Kommunikationspartner schützen den Inhalt ihrer Kommunikation vor dem Rest der Welt (siehe Abbildung 4a). Die Schutzziele, für deren Durchsetzung die Beteiligten gleiche Interessen besitzen müssen, werden hier *gleichgerichtete Schutzziele* genannt; die Kommunikationspartner bilden sich eine *gemeinsame Perspektive* auf das Schutzziel.

Schutzziele, die *Kommunikationsumstände* betreffen, unterscheiden sich hier. Auf jedes von ihnen (Anonymität, Unbeobachtbarkeit, Zurechenbarkeit, Erreichbarkeit und Verbindlichkeit) hat jeder Teilnehmer seine individuelle Sicht. Deshalb muss der *Schutz gegen Dritte* und der *Schutz gegenüber dem Kommunikationspartner* unterschieden werden. Natürlich können Dritte (die zum Beispiel Angreifer sein können) weiter in verschiedene Gruppen zusammengefasst werden. In dieser Arbeit wird das zur Vereinfachung vernachlässigt und als Basis der Untersuchung jeweils eine homogene Gruppe von Dritten als Angreifer angenommen. Die Schutzziele, für die Beteiligte entgegengesetzte Interessen besitzen können, werden hier *entgegengerichtete Schutzziele* genannt; die Kommunikationspartner haben eine *individuelle Perspektive* auf das Schutzziel.

Abbildung 4 illustriert den Unterschied zwischen der gemeinsamen Perspektive der Kommunikationspartner und den individuellen Perspektiven einzelner Teilnehmer. Aus dem linken Teil (Abbildung 4a) ist ersichtlich, dass zwei Teilnehmer (ein Akteur A und ein direkt Beteiligter B) ihre Kommunikation(sinhalte) vor allen *an der Kommunikation Unbeteiligten* C schützen möchten. Dies ist zutreffend für Vertraulichkeit, Verdecktheit, Integrität und Verfügbarkeit. Im rechten Teil (Abbildung 4b) wird gezeigt, dass sich ein einzelner Akteur (Teilnehmer A) mit manchen Schutzzielen nicht nur vor der Welt C, sondern auch gegenüber dem *direkt an der Kommunikation Beteiligten* B (nun dunkelgrau gezeichnet) schützen will. Das trifft für Anonymität, Unbeobachtbarkeit, Zurechenbarkeit, Erreichbarkeit und Verbindlichkeit zu. In manchen Fällen kann ein Akteur (Teilnehmer)

[3] Bei Kommunikation in Gruppen, z.B. Videokonferenzen, gibt es potenziell mehr als zwei Beteiligte.

ein solches Schutzziel nicht selbständig um- bzw. durchsetzen und benötigt die Hilfe Dritter D (hellgrau gezeichnet).

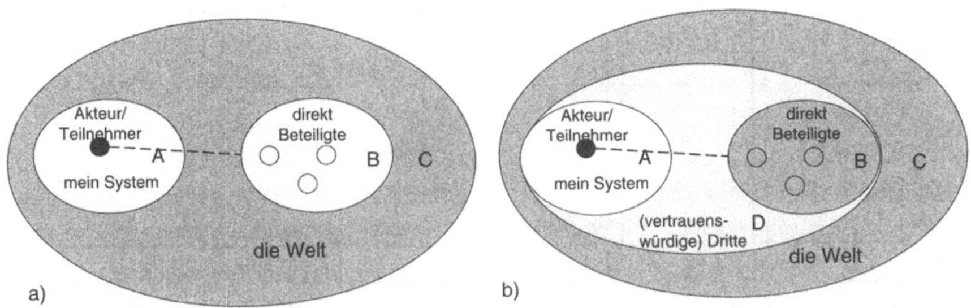

Abbildung 4: a) Gemeinsame und b) Individuelle Perspektive der Kommunikationspartner

In Tabelle 2 sind die gemeinsamen und individuellen Sichten auf Schutzziele formalisiert. Anschließend werden die Schutzzieldefinitionen aus Kapitel 2.1.1 zum besseren Verständnis aus den Perspektiven der jeweiligen Kommunikationspartner beschrieben.

Die individuellen Perspektiven (die schattierten Kästchen in Tabelle 2) sind einen genaueren Blick wert. Interessant ist hier, ob jeweils Unterschiede zwischen der Perspektive des Senders und der des Empfängers zu machen sind. Die Definitionen der Schutzziele für das Senden und Empfangen von Nachrichten (und dementsprechend für die Perspektiven jedes Kommunikationspartners) können zum Teil direkt von den Definitionen in Kapitel 2.1.1 abgeleitet werden.

Schutzziel	**Wer gegen wen**		**Gemeinsame oder individuelle Perspektive**
Vertraulichkeit	A & B	C	*Wir* wollen Vertraulichkeit des Nachrichteninhalts.
Verdecktheit	A & B	C	*Wir* wollen Verdecktheit der Existenz der Nachricht.
Anonymität	A B	B (+C) A (+C)	*Ich* will anonym bleiben. *Er* will anonym bleiben.
Unbeobachtbarkeit	A (& D) B (& D)	B (+C) A (+C)	*Ich* will unbeobachtbar bleiben. (*Er* will unbeobachtbar bleiben.)
Integrität	A & B	C	*Wir* wollen Integrität des Nachrichteninhalts.
Zurechenbarkeit	A (& D) B (& D)	B (+C) A (+C)	*Ich* willige ein, zurechenbar zu sein. *Er* möchte, dass ich zurechenbar kommuniziere.
Verfügbarkeit	A & B (& D)	C	*Wir* wollen rechtzeitige Verfügbarkeit bzw. rechtzeitigen Empfang der Nachricht.
Erreichbarkeit	A B	B A	*Ich* will ihn erreichen. *Er* möchte erreichbar sein.
Rechtsverbindlichkeit	A (& D) B (& D)	B (+C) A (+C)	*Ich* will, dass seine Zusagen von mir rechtlich durchsetzbar sind. *Er* will, dass meine Zusagen von ihm rechtlich durchsetzbar sind.

A… ich
B… anderer Teiln.
C… alle Unbeteiligten
D… Dritte, die zur Umsetzung eines Schutzziels benötigt werden
A & B… A gemeinsam mit B
(& D)… evtl. benötigte Dritte
(+C)… und implizit gegen C

Tabelle 2: Angreifer und Perspektiven auf Schutzziele

Für *Anonymität* und *Unbeobachtbarkeit* sind die Perspektiven auf das Schutzziel für das Senden und Empfangen von Nachrichten gleich. Allerdings ist Unbeobachtbarkeit ein Schutzziel, über das nicht zu verhandeln ist, da Teilnehmer ihr Schutzinteresse selbständig und ohne Mitwirken des Kommunikationspartners umsetzen können (das soll die in Klammern gesetzte Perspektive in Tabelle 2 ausdrücken). Weiterhin kann es für Unbeobachtbarkeit wesentlich sein, die Unbeobachtbarkeit von Maschinen und Personen, die Daten senden oder empfangen, zu unterscheiden. Im ersten Fall wäre beobachtbar, ob eine Maschine (zum Beispiel ein bestimmter Rechner mit einer Netzadresse oder einer Lokation) eine Nachricht sendet oder empfängt, im zweiten Fall wäre das Senden oder Empfangen einer Nachricht sogar einer Person zuordenbar.

Zurechenbarkeit hat verschiedene Perspektiven für Sender und die Empfänger. Die Definition sollte deshalb folgendermaßen aufgegliedert werden:

Zurechenbarkeit des Sendens sichert, dass der Sender von Informationen nicht erfolgreich abstreiten kann, die Informationen gesendet zu haben.

Zurechenbarkeit des Empfangs sichert, dass der oder die Empfänger von Informationen nicht erfolgreich abstreiten können, die Informationen erhalten zu haben.

Die Perspektiven der Kommunikationspartner bezüglich *Erreichbarkeit* sind sehr unterschiedlich. Ein „Sender“ möchte jemanden erreichen. Wenn er nicht anonym ist, will er sicher sein, den anderen Teilnehmer in angemessener Form zu erreichen. Dafür kann der Sender eine Form von Dringlichkeit – ausgedrückt etwa durch Prioritäten, Thema (Gesprächsgegenstand, Betreff), oder die Identität, die er als Absender seiner Nachrichten benutzt – wählen. In bestimmten Situationen möchte der „Empfänger“ entweder gar nicht gestört werden oder nur für Nachrichten[4] mit einer bestimmten Dringlichkeit erreichbar sein [RDFR_97]. Als Ergebnis dessen sollte die Definition für Erreichbarkeit aufgegliedert werden zu:

Erreichbarkeit für den Sender sichert, dass ein Nutzer (oder eine Maschine) einen anderen Nutzer (oder Maschine) durch die Bekundung einer bestimmten Dringlichkeit kontaktieren kann.

Erreichbarkeit für den Empfänger sichert, dass ein Nutzer (oder eine Maschine) in bestimmten Situationen oder Zeiträumen nur von den Nutzern kontaktiert werden kann, die eine entsprechende Dringlichkeit bekunden.

Rechtsverbindlichkeit ist ein Schutzziel, das nicht innerhalb des Kommunikationssystems erreicht werden kann. Kommunikationspartner können mit-

[4] Nachricht steht in diesem Fall für einen Verbindungsaufbau, also synchrone Kommunikation.

tels Zurechenbarkeit während der Kommunikation Beweismittel für rechtliche Verbindlichkeiten sammeln. Erfüllt einer der Kommunikationspartner seine Verbindlichkeiten später nicht, kann durch Anwendung rechtlicher Maßnahmen deren Erfüllung erzwungen werden.

2.1.4 Gewichtung von Schutzzielen

Bei der Gewichtung von Schutzzielen für die Aushandlung finden zwei Kriterien Anwendung:

1. Schutz,
2. Kompromissbereitschaft.

Das Kriterium 1 widerspiegelt die persönlichen Schutzinteressen und findet Ausdruck in den Gewichtungen „unbedingt“, „egal“ und „keinesfalls“. Mit Kriterium 2 kann einbezogen werden, ob Risiken durch Kompromissbereitschaft verlagert werden dürfen: das Risiko eines Fehlschlags der Aushandlung (Anwendungsaktion kann nicht durchgeführt werden) wird beseitigt; dafür besteht das Risiko einer ungeschützten bzw. entgegen den eigenen Interessen geschützten Aktion. Dies führt zu den Gewichtungen „möglichst“ und „notfalls“. Die Gewichtung „egal“ impliziert die Kompromissbereitschaft ebenfalls, hier wird jedoch nicht mehr von einem Risiko bei ungeschützter Aktion ausgegangen.

2.1.5 Monotonieverhalten von Schutzzielen

In diesem Kapitel wird das Verhalten der Schutzziele über die Zeit, also ihr Monotonieverhalten, diskutiert.

Vertraulichkeitsziele

Der gewählte Grad an *Vertraulichkeit* des gleichen Nachrichteninhalts kann nur abnehmen. Einmal offenbarter Nachrichteninhalt kann nicht wieder vertraulich werden. Aus dem Inhalt nachfolgender Nachrichten kann auf den Inhalt vorhergehender Nachrichten geschlossen werden und umgekehrt.

Auch der Effekt des *Verdeckens* einer Nachricht kann nur abnehmen. Wenn entdeckt wurde, dass eine Nachricht existiert, kann sie nicht länger/wieder verdeckt werden.

Wenn ein Kommunikationspartner seine Identität gegenüber dem anderen oder gegenüber Dritten preisgibt, kann er nicht wieder anonym werden. Es ist nur möglich, vorhandene *Anonymität* aufzugeben.

Wenn jemand beim Senden oder Empfangen einer Nachricht beobachtet wurde, kann er für das Senden oder Empfangen dieser Nachricht die *Unbeobachtbarkeit* nicht wiedererlangen.

In Bezug auf zukünftige Aktionen können Vertraulichkeitsziele zunehmen: Vertraulichkeit für zukünftige Nachrichteninhalte, Verdecktheit für eine neue verdeckte Nachricht, Anonymität mit einer neuen digitalen Identität oder mit anderen Kommunikationspartnern und Unbeobachtbarkeit in einer neuen Netzumgebung oder mit neuen Unbeobachtbarkeitsmechanismen.

Integritätsziele

Bei *Integrität* muss die Integrität der Nachricht während der Übertragung und im gespeicherten Zustand/während des Speicherns unterschieden werden. Aufgrund von Fehlern der Netzkommunikation und Speicherung wird niemals perfekte Integrität erreicht werden. Aber durch Nutzung zusätzlicher Integritätsmaßnahmen kann die Integrität von Daten während der Kommunikation und Speicherung erhöht werden. Beispiele für solche Maßnahmen sind symmetrische Authentikationscodes, Sequenznummern und Retransmit.

Unter der Annahme, dass angemessene Zurechenbarkeitsmaßnahmen (Zeitstempel für digitale Signaturen, etc.) angewendet wurden, kann die *Zurechenbarkeit* der gleichen Nachricht nicht abnehmen. Eine Ausnahme stellt der Verlust von gespeicherten Beweismitteln dar. Durch die Erhöhung von Zurechenbarkeit erhöht sich die Geeignetheit von Nachrichten als Beweismittel.

Verfügbarkeitsziele

Verfügbarkeit kann durch die Anwendung zusätzlicher Verfügbarkeitsmechanismen zunehmen (vgl. mit Integrität). Beispiele für solche Maßnahmen sind u. a. Replikation oder redundante Verbindungen.

Die *Erreichbarkeit für den Empfänger* kann nur abnehmen. Ein hohes Niveau der Abschottung (oder Unerreichbarkeit) kann aufgrund aktuell eingehender Rufe nicht vermindert werden, da der Empfänger nicht bemerkt, dass jemand versucht, ihn zu erreichen. Ein hohes Niveau der Erreichbarkeit kann nachträglich reduziert werden, indem der Empfänger entscheidet, einen eingehenden Ruf nicht entgegenzunehmen.

Bezüglich der *Erreichbarkeit für den Sender* kann die Dringlichkeit ein und desselben Rufs nicht erniedrigt werden. Sie kann aber möglicherweise (abhängig vom Abschottungsniveau des Empfängers) durch die Wahl höherer Dringlichkeitsstufen erhöht werden.

Rechtsverbindlichkeit hat kein bestimmtes Monotonieverhalten.

Zusammenfassend kann festgestellt werden, dass die Umsetzung von Vertraulichkeitszielen über demselben Nachrichteninhalt nur abnehmen kann. Integritäts- und Verfügbarkeitsziele haben kein strenges Monotonieverhalten. Das einzige Schutzziel mit einem strikten Monotonieverhalten innerhalb eines gegebenen Kommunikationskontextes (d. h. bei gleichbleibenden Kommunikationsumständen für eine Sequenz von Nachrichten) ist die Anonymität.

Für die Auswahl von Standardvorgaben für Schutzziele ergeben sich durch das Monotonieverhalten folgende Empfehlungen:

1. Zustand wählen, der alle Alternativen (Entwicklungsrichtungen) offen lässt.
2. Bei Unsicherheiten alle Schutzziele so wählen, dass sicher ist, dass sie nie den eigenen Interessen entgegenstehen werden.

Eine passende Standardvorgabe ist demnach das Senden und Empfangen von Nachrichten mit einer starken Präferenz für Vertraulichkeit, Verdecktheit, Anonymität, Unbeobachtbarkeit, Integrität und Verfügbarkeit. Die Entscheidungen bzgl. Zurechenbarkeit, Erreichbarkeit und Rechtsverbindlichkeit hängen von den eigenen Interessen und dem jeweiligen Kommunikationskontext ab.

2.2 Wechselwirkungen zwischen Schutzzielen

Basierend auf den zuvor beschriebenen Eigenschaften einzelner Schutzziele diskutiert dieses Kapitel Synergien und Wechselwirkungen zwischen ihnen.

Dabei werden möglicherweise nicht alle, aber zumindest die wichtigsten Wechselwirkungen beschrieben. Es wird zwischen Implikationen, dem stärkenden oder schwächenden und dem ersetzenden Effekt von Schutzzielen unterschieden:

- Ein Schutzziel X kann ein anderes Schutzziel Y *implizieren*. Somit garantiert X die Durchsetzung von Y bzw. X ist eine hinreichende Bedingung für Y. Y kann eine schwache Form von X sein, d. h., Y kann X in schwächerer Form *ersetzen*.
- Ein Schutzziel X kann einen *verstärkenden* Effekt auf ein Schutzziel Y haben. Manchmal kann X als eine schwache Form von Y gesehen werden.
- Ein Schutzziel X kann einen *schwächenden* Effekt auf ein Schutzziel Y haben.

Die Implikationsrelationen als auch die schwächenden und verstärkenden Effekte sind transitiv. Für die Wechselwirkungen in Abbildung 12 bedeutet dies z. B.: Unbeobachtbarkeit impliziert Vertraulichkeit. Außerdem kann „Verdecktheit verstärkt Anonymität“ aus „Verdecktheit impliziert Vertraulichkeit“ und „Vertraulichkeit verstärkt Anonymität“ hergeleitet werden.

Die Umkehrungen der Implikationen beschreiben die mögliche ersetzende Wirkung von Schutzzielen. Darüber hinaus können auch andere einzelne Schutzziele oder Kombinationen mehrerer Schutzziele $X_1, \ldots, X_n$ ein anderes Schutzziel Y ersetzen. Beispiele dafür sind:

- Vertraulichkeit oder Verdecktheit bietet einen schwachen Ersatz für Anonymität.
- Die Kombination von Vertraulichkeit und Anonymität als auch die Kombination von Verdecktheit und Anonymität bietet jeweils einen schwachen Ersatz für Unbeobachtbarkeit.

Im folgenden werden die in Abbildung 5 grafisch dargestellten Wechselwirkungen erläutert.

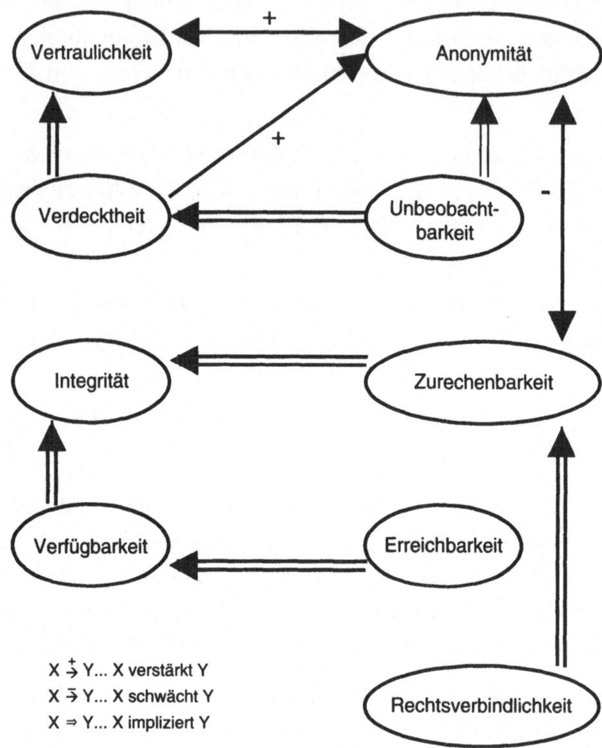

Abbildung 5: Wechselwirkungen zwischen Schutzzielen

Vertraulichkeitsziele

Vertraulichkeit und Verdecktheit stärken Anonymität gegenüber allen außer den Kommunikationspartnern (also gegenüber Dritten). Wenn ein Kommunikationspartner zum Beispiel anonym ist, kann es von Vorteil sein, wenn er seine vertrauliche Nachricht verschlüsselt und/oder verdeckt. Mit diesem Vorgehen sichert er, dass ein Angreifer aus dem Inhalt (oder der Existenz) der geheimen Nachricht nicht auf seine Identität schließen kann.

Wenn ein Kommunikationspartner vertrauliche Nachrichten (verschlüsselt) sendet, kann er gegenüber Dritten die *Vertraulichkeit stärken*, indem er *anonym* kommuniziert. An der Kommunikation Unbeteiligte können so nicht von den Identitäten der Kommunikationspartner auf Nachrichteninhalte (oder den Zweck der Kommunikation) schließen. Bei dieser Wechselwirkung (und bei manchen folgenden) wird offensichtlich das Angreifermodell gewechselt: Obwohl Anonymität sogar Schutz gegenüber dem Kommunikationspartner bietet, kann die Kombination mit Vertraulichkeit nur den Schutz gegenüber anderen (Dritten) stärken.

Verdecktheit impliziert *Vertraulichkeit.* Wenn andere über die Existenz geheimer Nachrichten nichts erfahren, können sie auch über deren Inhalt nichts in Erfahrung bringen. Es wird implizit die Vertraulichkeit der geheimen Nachrichten erreicht.

Unbeobachtbarkeit impliziert alle anderen Vertraulichkeitsziele: *Unbeobachtbarkeit* impliziert *Anonymität.* Wenn andere nicht sehen können, dass ein Teilnehmer eine Nachricht sendet oder empfängt, können sie auch nicht dessen Identität in Bezug auf gesendete oder empfangene Nachrichten erfahren. Der Sender bzw. Empfänger ist implizit anonym.

Wenn keine vollständige Unbeobachtbarkeit erreicht werden kann, ist Anonymität ein vernünftiger Ersatz, wenn auch eine schwächere Lösung. Das gilt nur in Bezug auf Schutz vor Dritten.

Unbeobachtbarkeit impliziert *Vertraulichkeit.* Wenn andere nicht merken können, dass Teilnehmer miteinander kommunizieren, können sie weder lernen, wer kommuniziert, noch worüber.

Unbeobachtbarkeit impliziert *Verdecktheit.* Wenn niemand erfährt, dass Kommunikationspartner eine Nachricht senden oder empfangen, kann auch niemand von der Existenz der Nachricht erfahren.

Integritätsziele

Zurechenbarkeit impliziert *Integrität.* Wenn eine Nachricht zurechenbar ist, ist sie implizit auch integer.[5]

[5] Diese Aussage gilt nicht allgemein, sondern nur in Bezug auf Kommunikation(ssicherheit).

Verfügbarkeitsziele

Erreichbarkeit impliziert *Verfügbarkeit.* Wenn ein Kommunikationspartner erreichbar ist, ist die Kommunikation mit ihm verfügbar.

Rechtsverbindlichkeit ist unabhängig von *Erreichbarkeit.* Nur außerhalb des Kommunikationsnetzes ist Erreichbarkeit notwendig zur Erfüllung von Rechtsverbindlichkeit.

Weitere Wechselwirkungen

Verfügbarkeit impliziert *Integrität.* Wenn Verfügbarkeitsmechanismen erfolgreich sind, ist die erhaltene Nachricht auch integer. Oder umgekehrt: ohne Integrität des Inhalts ist Verfügbarkeit der Nachricht nutzlos.

Anonymität und *Zurechenbarkeit* schwächen einander. Ist jemand (ein Teilnehmer) anonym und kommuniziert zurechenbar, reduziert das die Qualität seiner/ihrer Anonymität. Er/sie muss Pseudonyme benutzen. Aktionen, die unter dem gleichen Pseudonym ausgeführt werden, sind verkettbar. Die Kombination von Anonymität und Zurechenbarkeit wird demnach Pseudonymität genannt.

Pseudonymität sichert, dass ein Nutzer eine Ressource oder einen Dienst benutzt, ohne seine/ihre Identität preiszugeben, ihm/ihr aber trotzdem diese Nutzung zurechenbar ist [CC2_98].

Zusammenfassung der Wechselwirkungen

In diesem Kapitel wurden verschiedene Arten von Wechselwirkungen zwischen Schutzzielen identifiziert. Implikationen sind eine sehr präzise Form der Wechselwirkung. Unschärfere Wechselwirkungen sind stärkende, schwächende und ersetzende Effekte zwischen Schutzzielen.

Implikationen	
Unbeobachtbarkeit impliziert Verdecktheit	Wenn Teilnehmer unbeobachtbar kommunizieren, ist das Schutzziel Verdecktheit implizit erfüllt.
Verdecktheit impliziert Vertraulichkeit	Wenn Teilnehmer verdeckt kommunizieren, kann implizit niemand Unberechtigter den Inhalt der Nachrichten erfahren.
Erreichbarkeit impliziert Verfügbarkeit	Wenn Teilnehmer erreichbar sind, muss auch die Verfügbarkeit der Kommunikation gegeben sein.
Verfügbarkeit impliziert Integrität	Wenn Teilnehmer ihre Nachrichten verfügbar haben, ist auch deren Integrität gewährleistet.
Zurechenbarkeit impliziert Integrität	Wenn Teilnehmer zurechenbar kommunizieren, erreichen sie implizit auch eine hohe Integrität Ihrer Daten.
Verstärkende Wirkung	
Vertraulichkeit und Verdecktheit stärken Anonymität gegenüber Dritten	Wenn Teilnehmer anonym sind, kann es vorteilhaft sein, wenn sie vertrauliche Nachrichten verschlüsselt oder verdeckt übermitteln. Dadurch wird sichergestellt, dass Dritte nicht aus dem Inhalt ihrer Nachrichten auf ihre Identität schließen können.
Anonymität stärkt Vertraulichkeit	Durch zusätzlich zur Vertraulichkeit angewandte Anonymität wird sichergestellt, dass Dritte nicht von der Identität der Teilnehmer auf ihre Nachrichteninhalte schließen können.
Schwächende Wirkung	
Zurechenbarkeit reduziert Anonymität	Teilnehmer verwenden Pseudonyme, um anonym, aber trotzdem zurechenbar zu sein. Dabei geben sie die ursprüngliche Qualität ihrer Anonymität auf, weil Pseudonyme aufgelöst werden können bzw. verkettbar sind.
Anonymität reduziert Zurechenbarkeit	Wenn Teilnehmer anonym kommunizieren, verdecken sie ihre Identität. Dadurch wird es schwerer, ihnen die Kommunikation zuzurechnen. Durch auflösbare Pseudonyme ist das aber technisch möglich.

Ersetzende Wirkung	
Anonymität	Vertraulichkeit oder Verdecktheit bietet einen schwachen Ersatz für Anonymität.
Unbeobachtbarkeit	Die Kombination von Vertraulichkeit und Anonymität oder die Kombination von Verdecktheit und Anonymität bietet einen schwachen Ersatz für Unbeobachtbarkeit.
Verdecktheit	Vertraulichkeit bietet einen schwachen Ersatz für Verdecktheit.

Tabelle 3: Die wesentlichen Wechselwirkungen im Überblick

Die technische Umsetzung mancher Schutzziele (insbesondere die der Unbeobachtbarkeit und Verfügbarkeit) kann sehr aufwendig oder teuer sein sowie mit Performanceeinbußen einhergehen. Für manche solcher Schutzziele kann man eine schwächere Form des Schutzes durch andere einzelne Schutzziele oder Kombinationen von Schutzzielen erreichen.

Eine weitere Schlussfolgerung ist, dass Vertraulichkeitsziele weitgehend unabhängig von Integritätszielen und Verfügbarkeitszielen sind, währenddessen Integritätsziele mit Verfügbarkeitszielen stärker interagieren.

Tabelle 3 zeigt die wesentlichen Wechselwirkungen noch einmal im Überblick.

2.3 Wechselwirkungen mit dem Anwendungsumfeld

2.3.1 Verkettung von Aktionen

In diesem Kapitel wird beschrieben, wie die Verkettung von Aktionen (im Folgenden auch kurz: Verkettung) Sicherheitseigenschaften beeinflussen kann. Es wird ersichtlich werden, dass Verkettbarkeit auf einige Schutzziele positive Effekte und auf andere Schutzziele negative Effekte haben kann. Zuerst wird das neue Schutzziel Unverkettbarkeit eingeführt, dann werden Beispiele für verkettbare Aktionen vorgestellt.

Unverkettbarkeit sichert, dass Dritte nicht in der Lage sind zu bestimmen, ob der gleiche Nutzer oder das gleiche Subjekt zwei oder mehr verschiedene Operationen im System ausgelöst hat.

Am Beispiel eines Flugzeugs, das per Funk Kommandos erhält, werden die Auswirkungen der Verkettung von Aktionen beschrieben: Wenn jemand beobachtet, dass das Flugzeug sofort, nachdem es ein Kommando erhält, seinen Kurs ändert, kann der Beobachter annehmen, dass das Kommando eine Kursänderung betraf. So kann der Beobachter die *Vertraulichkeit* angreifen. Wenn der Kontrollturm die Existenz des Kommandos verbergen möchte (*Verdecktheit*) und es deshalb in eine digitale Wettervorhersage oder eine digitale „Zeitung" einbettet, kann der Beobachter annehmen, dass diese öffentliche Nachricht ein Kommando beinhaltet hat. Der Kapitän des Flugzeugs hat andererseits ein Interesse an der Integrität und Verfügbarkeit aller seiner Kommandos. Übliche Methoden, um zu sichern, dass der Inhalt der Kommandos korrekt ist und keine Kommandos während der Übertragung verloren gehen, sind das wiederholte Senden authentisierter Kommandos und die Nutzung von Sequenznummern.

Im folgenden wird die Auswirkung von Verkettbarkeit auf Vertraulichkeits-, Integritäts- und Verfügbarkeitsziele diskutiert:

Vertraulichkeitsziele

In Bezug auf *Vertraulichkeit* kann die Verkettung von Aktionen darin resultieren, dass vertrauliche Nachrichteninhalte offengelegt werden.

In Bezug auf *Verdecktheit* kann zumindest die Existenz geheimer Nachrichten durch die Verkettung „kritischer" Aktionen offenbart werden.

In Bezug auf *Anonymität* kann die Verkettung von Aktionen Identitäten (die eigene oder die anderer) aufdecken. Bei der Nutzung von Pseudonymen ist es zumindest möglich, Aktionen, die unter dem gleichen Pseudonym ausgeführt werden, zu verketten.

In Bezug auf *Unbeobachtbarkeit* kann durch die Verkettung von Aktionen das Senden und/oder Empfangen von Nachrichten oder sogar die Kommunikationsbeziehung beobachtet werden.

Integritätsziele

Durch die Verkettung von Aktionen ist es möglich, eine Art *Integritäts*test durchzuführen, bzw. zumindest eine Abschätzung darüber, ob der Inhalt einer Nachricht zur vorangegangenen Nachricht passt oder ob Inkonsistenzen bestehen.

In Bezug auf *Zurechenbarkeit* kann die Verkettung von Aktionen die Beweisgeeignetheit von existierenden Beweismitteln verbessern.

Verfügbarkeitsziele

In Bezug auf *Verfügbarkeit* kann die Verkettung von Aktionen positive Effekte für die Fehleranalyse haben (vergleichbar mit Integrität).

Für *Erreichbarkeit* muss die Sicht des Senders und des Empfängers unterschieden werden (siehe Kapitel 2.1.3). Durch die Verkettung von Aktionen kann der Empfänger in der Lage sein, Informationen über den Sender zu sammeln. Je mehr der Empfänger über potenzielle Sender weiß (z. B. Identitäten oder Zeitabhängigkeiten), desto besser kann er seine Erreichbarkeit kontrollieren. Deshalb kann die Verkettung von Aktionen positive Effekte auf die Kontrolle des Empfängers über seine Erreichbarkeit haben. Für den Sender sind die Effekte der Verkettung von Aktionen ambivalent. Wenn er annimmt, dass er vom Empfänger bevorzugt behandelt würde, möchte er Verkettung. Nimmt er an, dass er keine Bevorzugung erfährt, wird er die Effekte der Verkettung nicht mögen.

In Bezug auf *Rechtsverbindlichkeit* kann Verkettung positive Effekte haben. Es kann einfacher sein, rechtliche Verantwortlichkeiten und ggf. ihre Nichteinlösung festzustellen. Als Ergebnis kann es durch Verkettung leichter sein, rechtliche Schritte als Konsequenz einer Unterlassung vorzunehmen.

Zusammenfassung: Für Vertraulichkeitsziele kann die Verkettung von Aktionen negative Effekte haben, z. B. könnte das Verhalten eines (oder mehrerer) Kommunikationspartner(s) gegenüber dem Kommunikationspartner oder gegenüber Dritten offenbart werden. Aus diesem Grund wünschen Nutzer *Unverkettbarkeit*. Andererseits könnte die *Verkettung* von Aktionen positive Effekte auf Integrität und Verfügbarkeit haben und daher gewünscht sein.

2.3.2 Kriterien für Schutzziele

Entscheidend für das Finden der relevanten Schutzziele zu bestimmten Anwendungen sind die Kriterien, aufgrund derer entschieden werden kann, ob ein Schutzziel angewendet werden soll oder nicht. Im folgenden wird für einige Schutzziele versucht, solche Kriterien zu finden. In Tabelle 4 sind sie zusammenfassend dargestellt.

Dateninhalte können mindestens in zwei *Vertraulichkeitsstufen* (vertraulich, öffentlich) eingeordnet werden. Das Kriterium dafür, ob Daten verschlüsselt werden sollten, ist also der Grad ihrer Öffentlichkeit. Nichtöffentliche (private oder organisationsinterne und insofern vertrauliche) Daten sollten unbedingt verschlüsselt werden; öffentliche Daten müssen nicht zwingend verschlüsselt werden.

Abhängig vom Vertrauen in den Kommunikationspartner ist, ob man vor ihm anonym bleiben will. *Anonymität* ist demzufolge sehr individuell von der gegebenen Situation abhängig. Entscheidend für das Schutzziel Anonymität kann auch sein, in welcher Rolle sich die Beteiligten in der Kommunikationsbeziehung sehen. Behörden, Beratungsstellen oder Händler, die der Umwelt gegenüber als vertrauenswürdig gelten wollen, verzichten meist darauf, anonym zu sein. Für individuelle Beteiligte, die unverbindliche Informationen einholen wollen, spielt Vertrauenswürdigkeit weniger eine Rolle, so dass sie durchaus ohne Schaden anonym bleiben können. Um einen möglichst hohen Grad an Privatheit (Privacy) zu erreichen, sollten Endbenutzer wenn nicht immer, so zumindest so oft wie möglich anonym kommunizieren.

Gleiches gilt für das Schutzziel *Unbeobachtbarkeit*. Sollen Außenstehende z. B. nicht überwachen können, mit welchen Versandhäusern ein Teilnehmer wann kommuniziert, dann sollte man Unbeobachtbarkeitsmechanismen einsetzen. Dies sollte zumindest dann geschehen, wenn ein Angreifer im Netz als wahrscheinlich angesehen werden muss.

Vertraulichkeit		
Kriterien	Daten sind öffentlich	Daten sind nicht öffentlich
Maßnahmen	–	Verschlüsselung Anonymisierung Unbeobachtbarkeit (Unverkettbarkeit)
Anonymität		
Kriterien	dem Kommunikationspartner vertrauen	dem Kommunikationspartner nicht vertrauen[6]
Maßnahmen	–	anonym bleiben
Kriterien	vertrauenswürdige Rolle innehaben	keine vertrauenswürdige Rolle innehaben[7]
Maßnahmen	–	anonym bleiben
Unbeobachtbarkeit		
Kriterien	allen „Beteiligten" im Netz vertrauen	„Beteiligten" im Netz nicht vertrauen
Maßnahmen	–	unbeobachtbar bleiben
Zurechenbarkeit [Grim_94]		
Kriterien	Gleichgewicht verschiebend (Verpflichtungszustände bilden oder erfüllen)	Gleichgewicht nicht verschiebend
Maßnahmen	signieren	–

Tabelle 4: Kriterien für die Entscheidung von Schutzzielen

Integrität nimmt eine besondere Rolle ein; sie bildet die Grundlage der korrekten Datenübertragung und damit der Kommunikation an sich. Da die technische Integrität der heutigen Netze ohnehin sehr hoch ist und somit als Kommunikationsgrundlage immer als gegeben vorausgesetzt werden sollte, ist sie nicht abwählbar im Sinne mehrseitiger Sicherheit. Es kann nur darü-

[6] Vertrauen ist natürlich nichts „binäres", wie diese vereinfachte Unterscheidung suggeriert. Insbesondere blindes, d. h. nicht überprüfbares Vertrauen (bei Vertraulichkeit die Regel) scheint gefährlich.

[7] Anonymität hängt an der Rolle, die Beteiligte in einer Anwendung innehaben: Behörden, Händler haben z. B. ein Interesse daran, nicht anonym zu sein, da sie vertrauenswürdig sein (oder zumindest erscheinen) wollen.

ber entschieden werden, ob zusätzliche Mittel zur Erreichung von Integrität trotz intelligenter Angreifer eingesetzt werden sollen.

Der Wunsch nach *Zurechenbarkeit* ist abhängig vom Anwendungskontext. Beispiele für Aktionen, die Rechtspflichten begründen, verändern, erfüllen oder beenden, werden in [Grim_94] aufgeführt. Solche Aktionen verschieben das bestehende rechtliche Gleichgewicht und müssen deshalb zurechenbar geschehen, um einerseits die Authentizität der Nachrichten überprüfbar zu machen und andererseits Vertragspartnern bei Nichterfüllung des Vertrags eine Grundlage zur rechtlichen Einbeziehung von Dritten zu geben.

2.4 Umsetzung in einer Benutzungsschnittstelle

Auf Basis der eben beschriebenen Erkenntnisse zu Schutzzielen wurde eine detaillierte Benutzungsoberfläche zur Konfigurierung von Schutzzielen erarbeitet. In den nächsten Unterkapiteln ist die resultierende Benutzungsoberfläche dargestellt. Diese Abbildungen vermitteln sicherlich nur einen begrenzten Eindruck vom System, können aber trotzdem als Anleitung und Unterstützung für andere bei Designentscheidungen dienen und einige erfolgreiche Konzepte für Benutzungsoberflächen für Sicherheitseinstellungen widerspiegeln[8].

Auch in dieser Benutzungsoberfläche werden alle Dialoge im Kontext einer spezifischen Kommunikations- bzw. Anwendungsaktion aufgerufen, auf die alle Erläuterungen und Einstellungen Bezug nehmen.

Die hier vorgestellte Benutzungsoberfläche bietet eine übersichtlich strukturierte Benutzungsschnittstelle an. Mit ihr können Nutzer auf hohem Detaillierungsniveau (Kapitel 2.4.2) oder auf abstrakter Ebene (Kapitel 2.4.1) ihre Sicherheitswünsche formulieren.

2.4.1 Abstrakte Einstellungen für Einsteiger

Für Nutzer, die sich noch nicht sehr gut mit Sicherheit und Schutzzielen in Netzen auskennen, bietet die Benutzungsoberfläche eine einfach zu handha-

[8] Die vollständige Nutzungsoberfläche inklusive der benötigten Ausführungsumgebung befindet sich auf der beigelegten CD.

bende Schnittstelle an (Abbildung 6). Die Anwendung (bzw. deren Abläufe) sind in Geschäftstransaktionen, diese wiederum in einzelne Kommunikationsaktionen unterteilt. Geschäftstransaktionen sind Zusammenfassungen von logisch (ablaufbezogen) zusammengehörenden Aktionen. Nutzer wählen eine Geschäftstransaktion oder Aktion aus, für die sie ihre Sicherheitsforderungen konfigurieren. Mit der Auswahl einer Geschäftstransaktion können die Sicherheitsforderungen für alle in ihr enthaltenen Aktionen gleichzeitig konfiguriert werden. Im abgebildeten Dialog wird eine Geschäftstransaktion oder Aktion ausgewählt, für die der Nutzer seine Sicherheitsforderung markiert. Er kann dabei eines der 3 Sicherheitsniveaus *hoch*, *mittel* und *niedrig* mit folgender Bedeutung einstellen:

hoch: Der Nutzer möchte sich **unbedingt** gegen die Preisgabe seiner privaten und personenbezogenen Daten schützen und fordert eine **hohe** Korrektheit der übertragenen Daten. Jeder erfährt nur das, was er unbedingt erfahren muss.

mittel: **Für manche Fälle** möchte der Nutzer seine privaten Daten vor Preisgabe schützen und fordert Korrektheit der übertragenen Daten. Manche Personen erfahren mehr, als sie unbedingt erfahren müssen.

niedrig: Der Nutzer hat **keine besonderen** Forderungen an den Schutz und die Korrektheit seiner Daten.

Für die drei Sicherheitsniveaus wurde versucht, eine umgangssprachliche Beschreibung des Sicherheitsniveaus zu integrieren. Genauer erläutert werden die Auswirkungen der Sicherheitsstufen anhand von Beispielen im Hilfesystem.

Über die Auswahl *benutzerdefiniert* können Nutzer die *Einstellungen für Experten* erreichen.

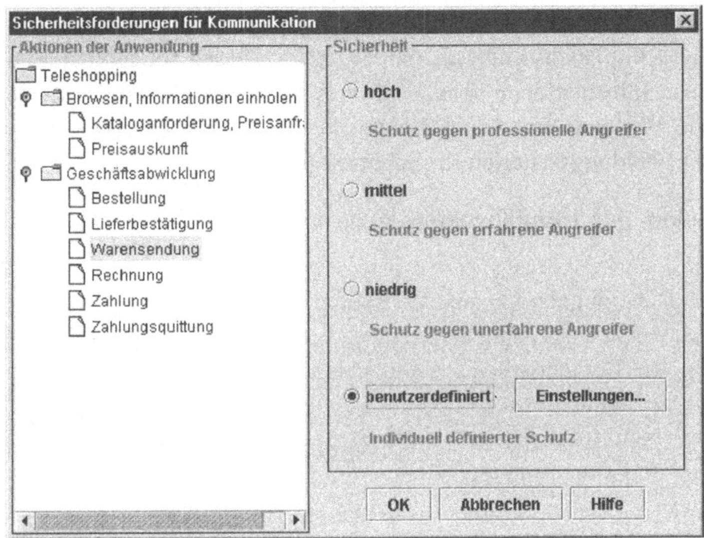

Abbildung 6: Einsteiger-Ebene der Sicherheitskonfigurierung: wähle hohe, mittlere oder niedrige Sicherheit oder benutzerdefinierte Einstellungen

2.4.2 Detaillierte Einstellungen für Experten

Für Kommunikationsvorgänge sind verschiedene Schutzziele von Bedeutung. Die Dialoge in Abbildung 7 und Abbildung 8 zeigen eine Schnittstelle, die einerseits Einstellungen zum Schutz der Privatheit und andererseits der Korrektheit der übertragenen Daten ermöglicht. In dieser Schnittstelle wurden die über Schutzziele gewonnenen Erkenntnisse (Kapitel 2.1 bis 1.1) umgesetzt. Im Rahmen dieser Umsetzung mussten Entscheidungen dazu getroffen werden, welche Charakteristika von Schutzzielen und Aspekte der Aushandlung auf welche Weise in die Schnittstelle integriert werden, und welche Mittel der Abstraktion angewendet werden. Direkt in die Benutzungsschnittstelle umgesetzt wurden die Erkenntnisse zu Perspektiven, Implikationen und Monotonieverhalten von Schutzzielen. Zusätzlich integriert wurde die Gewichtung von Schutzzielen zur Ermöglichung einer weitgehend automatischen Aushandlung. Die einfache Handhabung der Benutzungsschnittstelle wurde erreicht durch Abstraktion in 2 Ebenen und die

Verwendung grafischer Mittel sowie Shortcuts. Diese und weitere Aspekte der Benutzungsschnittstelle und von Schutzzielen wurden im Hilfesystem beschrieben, u.a. Informationen über Angreifer, schwächende, verstärkende und ersetzende Wirkung von Schutzzielen, die Verkettbarkeit sowie Hinweise über Entscheidungskriterien für Schutzziele.

2.4.2.1 Aspekte der Komplexitätsreduktion und einfacher Handhabung

Viele Designentscheidungen können der Reduzierung von Komplexität und der Einfachheit einer Benutzungsoberfläche dienen. Diese Merkmale sind sehr wichtig für die Benutzbarkeit (usability) eines Systems, siehe [18] oder [10]. Beispiele für genutzte Methoden zur benutzerfreundlichen Gestaltung von Dialogsystemen sind: die geeignete Strukturierung und Abstraktion, grafische Mittel und Standardvorgaben.

Strukturierung und Abstraktion. Aus verschiedenen Gründen wurden die drei Gruppen von Schutzzielen (Vertraulichkeits-, Integritäts- und Verfügbarkeitsziele, siehe Tabelle 1) in den zwei Gruppen *Privatheit* und *Korrektheit* zusammengefasst. Einerseits existieren Implikationen zwischen Integritäts- und Verfügbarkeitszielen (vgl. Kapitel 2.2), so dass diese Schutzziele in einer Gruppe zusammengefasst werden sollten. Darüber hinaus wurde die Anzahl der Gruppen aus Gründen der Übersichtlichkeit gering gehalten. In der ersten Schutzziel-Gruppe wurden die Vertraulichkeitsziele und in der zweiten Gruppe die Integritäts- und Verfügbarkeitsziele zusammengefasst (vgl. Tabelle 5). Zur Abstraktion von der detaillierten Schutzzielebene *Privatheit* und *Korrektheit* wurde die Ebene *Sicherheit* eingeführt, auf der Laien ihre Sicherheitsinteressen konfigurieren können (vgl. Kapitel 2.4.1).

Da *Verbindlichkeit* ein Schutzziel ist, das nicht allein durch Mittel des Kommunikationssystems, sondern nur durch Hinzunahme zusätzlicher Rechtsmaßnahmen erreicht werden kann, wurde dieses Schutzziel nicht in die Benutzungsoberfläche integriert.

Für die in den beiden Gruppen *Privatheit* und *Korrektheit* zusammengefassten Schutzziele wurde aufgrund der Erkenntnisse zu Perspektiven, Angreifern und Schutzgegenständen der einzelnen Schutzziele (siehe Kapitel 2.1.2

und 2.1.3) eine detaillierte Strukturierung erarbeitet, in die die Schutzziele eingeordnet wurden (siehe Tabelle 5).

Schutz der	**Inhalte** Wir wollen...	**Kommunikationsumstände** Ich will...	 Der Partner soll...
Privatheit	VT: Vertraulichkeit VD: Verdecktheit	AN_I: Anonymität UN_I: Unbeobachtbarkeit	AN_P: Anonymität
Korrektheit	IN: Integrität VF: Verfügbarkeit	ZU_I: Zurechenbarkeit ER_I: Erreichbarkeit	ZU_P: Zurechenbarkeit ER_P: Erreichbarkeit

Tabelle 5: Einordnung der Schutzziele in eine Struktur

Dabei wurden die gleichgerichteten Schutzziele (gemeinsame Perspektive, vgl. Kapitel 2.1.3), die sich auf Kommunikationsinhalte beziehen (vgl. Tabelle 1), in die Rubrik *Inhalte* gruppiert. Für die entgegengerichteten Schutzziele wurden die individuellen Perspektiven abgebildet, d.h. die eigene Perspektive, für die ein Partner selbst Entscheidungen trifft, wird in der Rubrik *Ich will*, und die Forderungen an den Partner werden in der Rubrik *Der Partner soll* konfiguriert. Die Zuordnung der Schutzziele zu den Rubriken ist in Tabelle 5 schematisch dargestellt. In Tabelle 5 werden gleichzeitig Kürzel für die Schutzziele definiert, die im folgenden verwendet werden, wobei jeweils zweibuchstabige Abkürzungen das Schutzziel definieren und die Indices die Perspektiven (Index I: *Ich will*; Index P: *Der Partner soll*) bezeichnen.

Eine Besonderheit stellt die *Unbeobachtbarkeit* dar. Da dieses Schutzziel ohne Kooperation des Partners umsetzbar ist, muss darüber nicht ausgehandelt werden. Somit werden in der Benutzungsoberfläche nur Einstellungen zur eigenen Unbeobachtbarkeit abgefragt (UN_I).

Die Forderung der *Anonymität* vom Partner (als auch generell eine Aushandlung über Anonymität) ist natürlich nur sinnvoll umsetzbar, bevor sich ein Partner gegenüber dem anderen identifiziert hat (oder für weit in der Zukunft liegende Geschäftstransaktionen, die der Partner nicht mehr mit der Aushandlung mit diesem Teilnehmer verketten kann). Das bedeutet, dass Mechanismen für eine anonyme Aushandlung zur Verfügung stehen müssen. Eine Situation, in der Anonymität vom Partner gefordert wird, ist zum

Beispiel die Drogen- oder Aidsberatung und andere Bereiche, in denen Nicht-Diskriminierung der Teilnehmer von Bedeutung ist.

Entsprechend der erarbeiteten Struktur wurden die Schutzziele in den Dialogen der Benutzungsoberfläche angeordnet (vgl. Abbildung 7 und Abbildung 8). Als Basis für die Aushandlung wurde eine fünfstufige Gewichtung eingeführt.

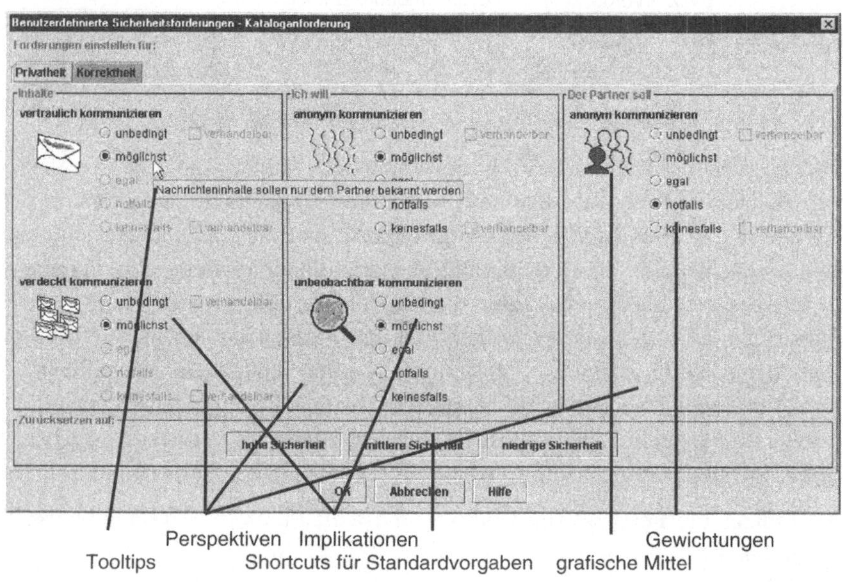

Abbildung 7: Dialogfenster für die benutzerdefinierten Einstellungen der Privatheit

Grafische Mittel. Um eine gute Erlernbarkeit der Benutzungsoberflächen zu erreichen, wurden grafische Mittel verwendet. Piktogramme präsentieren nicht nur die einzelnen Schutzziele, sondern veranschaulichen durch ihre dynamischen Veränderungen je nach der ausgewählten Gewichtung deren unterschiedliche Bedeutung. Beispiele sind Abbildung 7 und Abbildung 8 zu sehen.

Tooltips. Um die Benutzung der Schnittstelle zu vereinfachen und eine bessere Hilfestellung zur Verständlichkeit der Einstellungsmöglichkeiten zu geben, wurden sogenannte Tooltips integriert, die bei Ruhestellung der Maus über einem Dialogelement eine Erläuterung zu diesem anzeigen. Die Tooltips erläutern dem Nutzer für das ausgewählte Schutzziel die Sicht gegenüber Angreifern.

Standardvorgaben. Zur Vereinfachung der benutzerdefinierten Einstellungen sollen Anwendungsentwickler oder Sicherheitsadministratoren eine Abbildungsrelation zwischen der Einsteiger-Ebene und der benutzerdefinierten Ebene vorgeben. Für die beschriebene Benutzungsschnittstelle wurde dazu eine interne Abbildung der Sicherheitsstufen *hoch*, *mittel* und *niedrig* auf die Gewichtungen der Schutzziele in den Gruppen Privatheit und Korrektheit vorgenommen. Im Dialog für benutzerdefinierte Einstellungen wurden Schalter integriert, mit denen die Vorgaben auch während der Konfigurierungsphase durch den Nutzer ausgewählt werden können (siehe Knöpfe für hohe, mittlere und niedrige Sicherheit Abbildung 7 und Abbildung 8).

2.4.2.2 Umsetzung der Implikationen

Die Implikationen zählen zu den strikten Wechselwirkungen. Sie sollten im Systemdesign manifestiert werden, eine Möglichkeit dazu wird in diesem Kapitel beschrieben. Im Abbildung 7 und Abbildung 8) werden während der Konfigurierung die Einstellungen ständig entsprechend der bestehenden Implikationen zwischen den Schutzzielen (siehe Kapitel 2.2) angepasst. Dadurch werden Konfigurationsspielräume und somit die auswählbaren Gewichtungen begrenzt oder erweitert. Abbildung 7 ist die Umsetzung der Implikationen ($\Rightarrow$):

- Unbeobachtbarkeit $\Rightarrow$ Verdecktheit,
- Verdecktheit $\Rightarrow$ Vertraulichkeit

zu erkennen: Aufgrund der Einstellung für Unbeobachtbarkeit wird der Konfigurationsspielraum für Verdecktheit und aufgrund der Transitivität auch für Vertraulichkeit eingeschränkt.

Da für die Gewichtungen G gilt:

$$\text{unbedingt} > \text{möglichst} > \text{egal} > \text{notfalls} > \text{keinesfalls}\,, \tag{1}$$

wurden die Implikationen für Privatheit folgendermaßen abgebildet:

$$G_{VT} \geq G_{VD} \geq G_{UN_I} \tag{2}$$

Am Beispiel von Unbeobachtbarkeit erläutern wir, wie die Implikationen abgebildet werden: Die Einstellung für Unbeobachtbarkeit gibt vor, wie das Schutzziel Verdecktheit eingestellt wird. Wird für Unbeobachtbarkeit eine Gewichtung ausgewählt, so werden bei Verdecktheit alle tieferliegenden Gewichtungen deaktiviert und – sofern vom Nutzer noch keine (höhere) Gewichtung ausgewählt wurde – die Auswahl auf den tiefstmöglichen Punkt (also die gleiche Gewichtung wie bei Unbeobachtbarkeit) gesetzt.

Nicht umgesetzt wurde die Implikation: *Unbeobachtbarkeit* $\Rightarrow$ *Anonymität*. Diese Implikation wird in der Oberfläche nicht abgebildet, da ein Wechsel des Angreifermodells in der Implikation enthalten ist. Das Angreifermodell wird mit der Implikation (Pfeilrichtung) stärker: *Dritte* $\Rightarrow$ *Kommunikationspartner*. Würde das Angreifermodell mit der Pfeilrichtung schwächer werden, so wäre diese Implikation auch im System sinnvoll umsetzbar.

Ähnlich wurden für die Gruppe der Korrektheitsziele die Implikationen ($\Rightarrow$):

- Erreichbarkeit $\Rightarrow$ Verfügbarkeit,
- Verfügbarkeit $\Rightarrow$ Integrität, als auch:
- Zurechenbarkeit $\Rightarrow$ Integrität

umgesetzt (siehe Abbildung 8). Erwähnenswert ist, dass dabei die eigene wie auch die Perspektive auf den Partner für die Implikationen berücksichtigt werden musste.

Aufgrund der Ungleichung 1 und den genannten Implikationen gilt:

$$G_{IN} \geq G_{ZU_I} \tag{3}$$

$$G_{IN} \geq G_{ZU_P} \tag{4}$$

$$G_{IN} \geq G_{VF} \geq G_{ER_I} \tag{5}$$

$$G_{IN} \geq G_{VF} \geq G_{ER_P} \qquad (6)$$

Die Umsetzung in die Benutzungsoberfläche wurde entsprechend vorgenommen (siehe Abbildung 8): Abhängig von den Einstellungen für Zurechenbarkeit bzw. Erreichbarkeit werden die auswählbaren Gewichtungen für Integrität bzw. Verfügbarkeit und Integrität eingeschränkt.

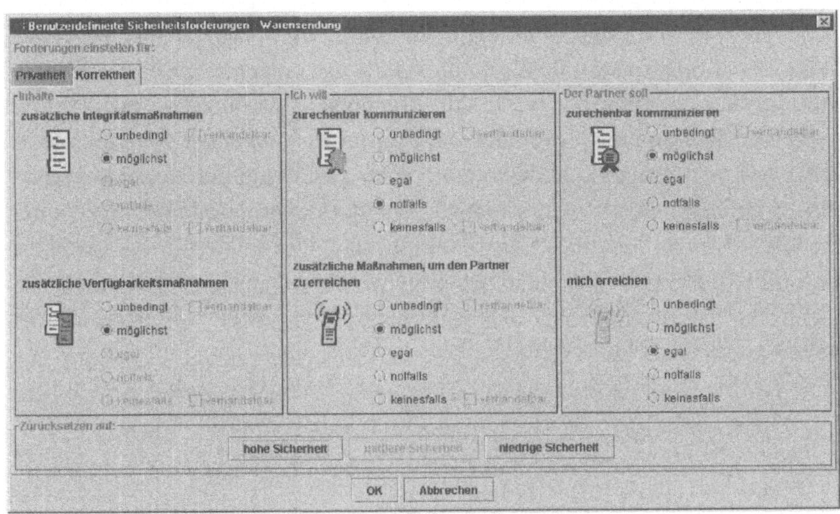

Abbildung 8: Dialogfenster für die benutzerdefinierten Einstellungen der Korrektheit

Für die Implikation *Zurechenbarkeit* $\Rightarrow$ *Integrität* ist anzumerken, dass hier keine Unterscheidung zwischen Zurechenbarkeit von Sender oder Empfänger vorgenommen werden muss, wenn dem Sender wichtig ist, dass der Empfänger *seine Nachricht richtig* empfängt.

Die Implikationen konnten so als feststehende Regeln in die Benutzungsschnittstelle abgebildet werden, dass diese Abhängigkeiten direkt durch das System gewährleistet werden. Der Nutzer ist so gezwungen, sich mit diesen Wechselwirkungen zu beschäftigen.

2.4.2.3 Umsetzung der Monotonie

Für die Konfigurierung hat die Monotonie u.a. folgende Auswirkung: Wurde bei einem echt monotonen Schutzziel für eine Aktion von der Optimaleinstellung[9] abgewichen, können für die Konfigurierung der folgenden Aktionen die anderen Gewichtungen vernachlässigt werden und müssen (eine sequentielle Konfigurierung der Aktionen vorausgesetzt) dem Nutzer nicht mehr zur Auswahl angeboten werden. Wenn zum Beispiel innerhalb einer Folge von Aktionen einmal *nicht anonym kommunizieren* ausgewählt wurde, brauchen mindestens für die folgenden Aktionen der gleichen Geschäftstransaktion die Gewichtungen für *anonym kommunizieren* nicht mehr angeboten zu werden. D.h. dass dem Nutzer zu Beginn der Kommunikation alle Möglichkeiten geboten werden. Sobald er Einschränkungen (entsprechend der Monotonie der Schutzziele) macht, soll er mit den Möglichkeiten, die nun wegfallen, nicht mehr behelligt werden. Kann nicht von einer sequentiellen Konfigurierung der Aktionen ausgegangen werden, entsteht mehr Testaufwand im System (s.u.).

In Kapitel 2.1.5 wurde geschlussfolgert, dass Anonymität das einzige Schutzziel mit einem strikt monotonen Verhalten in einem gegebenen bzw. gleichen Kommunikationskontext ist. Für Zurechenbarkeit ist es empfehlenswert und in den meisten Fällen anwendbar, sie innerhalb einer Geschäftstransaktion gleichbleibend zu halten. Das Monotonieverhalten aller anderen Schutzziele ist so undefinierbar, dass grundsätzlich für jede Aktion andere Einstellungen gewählt werden können, die Beachtung einiger Grundregeln aber zum besseren Schutz beitragen kann. Wie die Monotonie von Anonymität und Zurechenbarkeit in eine Benutzungsoberfläche integriert werden kann, wird nun diskutiert.

---

[9] Als Optimaleinstellung wird die Gewichtung bezeichnet, die den höchsten Schutz bietet. Dies ist für Vertraulichkeit z.B. die Gewichtung *unbedingt* und für Zurechenbarkeit die Gewichtung *keinesfalls*.

Anonymität

Diese Problematik wird unter der vereinfachenden Annahme diskutiert, dass Aktionen[10] einer Anwendung in einer vordefinierten Reihenfolge geordnet sind. Die Monotonie hat Auswirkungen auf die Sicherheitseinstellungen vorangehender oder nachfolgender Aktionen. Das gilt für alle verkettbaren Aktionen. Das bedeutet für *Anonymität* auch, dass sie nur zu einem Maximum zurückgestellt werden kann, wenn eine neue, mit bisherigen Aktionen nicht verkettbare Sequenz von Aktionen mit einem neuen Kommunikationspartner oder einer neuen digitalen Identität beginnt. Entscheidet sich ein Nutzer innerhalb einer Sequenz von Aktionen, seine Identität dem Kommunikationspartner zu offenbaren (sich also gegenüber dem Kommunikationspartner zu identifizieren), brauchen seine Wünsche bezüglich Anonymität für die folgenden verkettbaren Aktionen nicht mehr abgefragt zu werden.

Eine Möglichkeit, dies in eine Benutzungsoberfläche abzubilden, ist, den Nutzer während der Konfigurierung zu einer strikt sequentiellen Vorgehensweise, beginnend mit der ersten Aktion der Anwendung, zu zwingen. Die Einstellungen für alle nachfolgenden Aktionen könnten von den zu Beginn vorgenommenen Einstellungen abgeleitet werden.
Da der Nutzer nicht aufgrund der Monotonie-Eigenschaften *eines* Schutzzieles zu einer strikt sequentiellen Konfigurierung gezwungen werden sollte, wird ihm in der beschriebenen Benutzungsoberfläche die Entscheidung überlassen, in welcher Reihenfolge die Aktionen konfiguriert werden. Daraufhin müssen allerdings die Anonymitätseinstellungen der vorhergehenden und nachfolgenden Aktionen nach jedem Konfigurierungsschritt getestet werden. Tritt ein Widerspruch auf, muss der Nutzer darüber informiert und ihm eine Lösungsstrategie angeboten werden (vgl. Abbildung 9).

Um die Einstellungen für Anonymität bzgl. Monotonie abzutesten, wird die Einstellung der gerade konfigurierten Aktion beim Verlassen des Dialogs für benutzerdefinierte Einstellungen mit der Anonymitäts-Einstellung in der jeweils vorhergehenden und nachfolgenden Aktion verglichen. Der Monotonietest wird nur innerhalb von Geschäftstransaktionen ausgeführt, da diese

[10] Aktionen sind hier Kommunikationsaktionen, in denen also mit einem Partner kommuniziert wird.

in zeitlich genügend großem Abstand zur Gewährleistung von Unverkettbarkeit ausgeführt werden können. Es wird geprüft, ob die Gewichtung in der aktuellen Aktion tiefer oder höher ist. Ist das der Fall, so wird eine entsprechende Warnung (wie in Abbildung 9 dargestellt) mit folgenden Lösungsstrategien für den Nutzer ausgegeben:

Anpassen	Heraufsetzen der Anonymitätseinstellung für die vorhergehenden Aktionen (linke Seite von Abbildung 9) oder Heruntersetzen der Anonymitätseinstellung für die nachfolgenden Aktionen (rechte Seite von Abbildung 9).
Zurücksetzen	Zurückkehren zum Dialog „benutzerdefinierte Einstellungen“ Abbildung 7) und Zurücksetzen der Anonymität auf ihren früheren Wert.
Abbrechen	Zurückkehren zum Dialog „benutzerdefinierte Einstellungen“ Abbildung 7) ohne Zurücksetzen der Anonymität auf ihren früheren Wert.

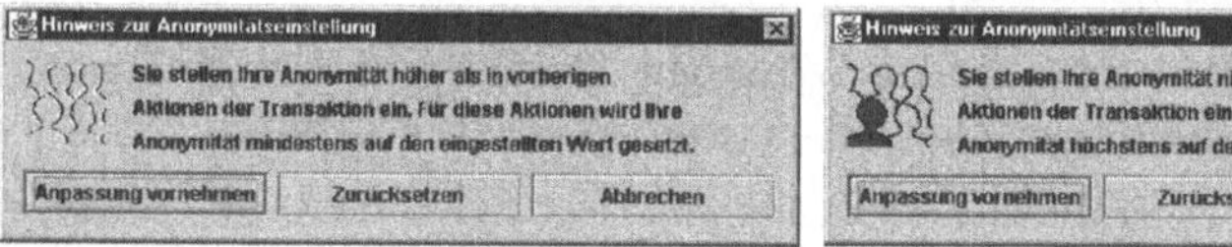

Abbildung 9: Warnung für Monotonie: Anonymität kann innerhalb einer Sequenz von Aktionen nicht zunehmen

Zurechenbarkeit

Zurechenbarkeit hat eine über „verbindliche Phasen“ gleichbleibende Monotonie (weder fällt sie noch steigt sie an). Werden Geschäftstransaktionen entsprechend Zurechenbarkeit gebildet, sollte die Zurechenbarkeit innerhalb von Geschäftstransaktionen immer gleich bleiben (eine Geschäftstransaktion entspricht dann einer verbindlichen bzw. unverbindlichen Phase, vgl. [Grim_94]). Für die meisten Fälle der Praxis ist dieses Vorgehen gerechtfertigt, es gibt aber auch Ausnahmefälle. Im Gegensatz zur Anonymität, für die die Monotonie zwingend durchgesetzt wird, kann für *Zurechenbarkeit* also nur die Empfehlung gegeben werden, sie über den Verlauf ganzer Geschäftstransaktionen gleich einzustellen.

In der Benutzungsschnittstelle wurde folgendes umgesetzt: Wird der Dialog der benutzerdefinierten Einstellungen verlassen, wird geprüft, ob die Gewichtung für Zurechenbarkeit gegenüber der Voreinstellung der gleichen Aktion (z. B. der des Anwendungsentwicklers oder eines Nutzerprofiles) verändert wurde. Ist das der Fall, wird dem Nutzer ein Hinweis ausgegeben, dass er die Zurechenbarkeit erniedrigt oder erhöht. Folgende Lösungsstrategien werden angeboten:

Transaktion	Die für diese Aktion eingestellte Gewichtung wird für alle Aktionen der Geschäftstransaktion benutzt.
Aktion	Die für diese Aktion eingestellte Gewichtung wird nur hier angewendet.
Abbrechen	Zurückkehren zum Dialog „benutzerdefinierte Einstellungen“ (Abbildung 8) ohne Zurücksetzen der Anonymität auf ihren früheren Wert.

Abbildung 10: Warnung für Zurechenbarkeit: Zurechenbarkeit sollte innerhalb einer Geschäftstransaktion gleich bleiben

2.4.2.4 Konfigurierung für Aushandlung

Da eine Benutzungsoberfläche für mehrseitige Sicherheit entwickelt wurde, müssen Aspekte, welche die Aushandlung mit sich bringt, berücksichtigt werden.

Um den Nutzer einer Sicherheitsarchitektur von unnötigen Interaktionen zu entlasten, soll der Aushandlungsprozess so automatisch wie möglich ablaufen. Dafür müssen die notwendigen Interaktionen mit dem Nutzer (bzw. den Nutzern) soweit wie möglich reduziert werden. Dementsprechend sollten Nutzer in einem ausgewogenen Maße in der Lage sein zu entscheiden (und demnach zu konfigurieren), in welchen Fällen sie vom System befragt werden wollen. Mindestens zwei Aspekte können in die Benutzungsoberfläche integriert werden:

1. Um potentielle Konflikte während der Aushandlung zu reduzieren, sollten die Nutzer des Systems zwischen den strengen Gewichtungen für oder gegen ein Schutzziel (*ja* bzw. *unbedingt* und *nein* bzw. *keinesfalls*) mindestens eine Gewichtung *egal* oder mehr Nuancen angeben können. Um das zu erlauben, wurde eine Abstufung in fünf Gewichtungen (*unbedingt*, *möglichst*, *egal*, *notfalls*, *keinesfalls*; Abbildung 7 und Abbildung 8) implementiert. Durch diese Fünfstufung wird erreicht, dass bei der Aushandlung weniger häufig Konflikte auftreten, über die Teilnehmer informiert werden und Entscheidungen treffen müssten. Der Aushandlungsalgorithmus gibt nur dann eine Konfliktmeldung aus, wenn ein Teilnehmer die Einstellung *unbedingt* und der andere die Einstellung *keinesfalls* für ein Schutzziel gewählt hat. Für alle anderen Gewichtungspaare ermittelt die Sicherheitsarchitektur ein konfliktfreies Ergebnis. Bestandteil dessen ist eine „Pro-Sicherheits-Strategie" der Architektur, die bei konfliktbehafteten Gewichtungspaaren, die aber Spielräume offen lassen, die Gewichtung der höheren Sicherheit wählt [PSWW2_99].
2. Während der Kommunikation lernen Kommunikationspartner sich kennen (wenn das nicht schon zuvor der Fall war). Eine Benutzungsoberfläche zur Konfigurierung von Schutzzielen für die Kommunikation muss das berücksichtigen. Eine Möglichkeit besteht darin, ein Adressbuch zu implementieren, in dem man die verschiedenen Vertrauensebenen zu anderen Nutzern in verschiedenen Anwendungsumgebungen eintragen kann. Im Hinblick auf eine möglichst automatische Aushandlung wurde für die dargestellte Benutzungsoberfläche eine andere Herangehensweise gewählt, die eine reduzierte Möglichkeit der Einflussnahme auf die Aushandlung entsprechend von Vertrauensbeziehungen zu Kommunikationspartnern zulässt. Hier kann der Nutzer aktionsbezogen entscheiden, ob er – im Falle eines auftretenden Konfliktes (siehe Erläuterungen in 1.) – darüber informiert werden will oder nicht. Dazu dient die CheckBox *verhandelbar* (Abbildung 7 und Abbildung 8). Der Nutzer kann dann entscheiden, ob er in seinen Sicherheitsforderungen zugunsten des aktuellen Kommunikationspartners nachgibt.

2.5 Aufgaben

2-1 Was sind Ihre Schutzziele?

Jeder versteht unter Schutz seiner Interessen etwas Verschiedenes. Zum Beispiel finden manche die Erfassung von Nutzerprofilen zur personenbezogenen Werbung sehr gut, weil sie einfacher und besser mit erwünschter Werbung „beliefert" werden. Andere Leute möchten gern über alle Werbeangebote informiert werden und möchten deshalb keine (nicht nur) personenbezogene Werbung. Dritte wollen eventuell grundsätzlich nicht, dass Daten über ihr Konsumverhalten gesammelt werden. Vierte hätten am liebsten keinerlei Werbung. Wie würden Sie entscheiden und warum?

2-2 Schutzziele und Angreifer

Stellen Sie sich folgendes Szenario für das Online-Shopping vor: Neben dem Kunden, dem Händler und der Bank benötigen wir noch einen (oder mehrere) Telekommunikationsprovider, über dessen (bzw. deren) Netze die Kommunikation stattfindet (siehe Abbildung).

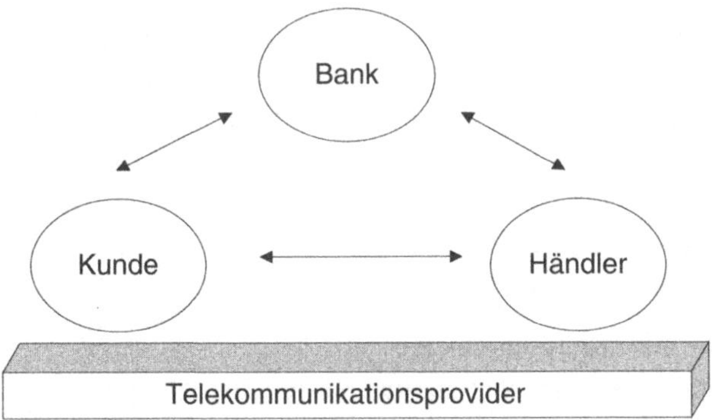

Kunde und Händler besitzen jeweils ein Konto bei der Bank. Der Kunde möchte beim Händler einkaufen. Die Zahlung wird über die Bank abgewickelt (z. B. Überweisung).
Welche Informationen sind in diesem Szenario im Interesse des Kunden gegenüber wem schützenswert? Wer sind potenzielle Angreifer?

2-3 Schutz vor welchen Angreifern
Mit welchen Schutzzielen können Sie sich bezüglich Ihrer Kommunikation vor wem schützen? Überlegen Sie, gegen welche potentiellen Angreifer Sie sich mittels Vertraulichkeit, Integrität, Anonymität, Zurechenbarkeit und Erreichbarkeit (und natürlich den zugehörigen Mechanismen) schützen können. Welche Angriffe werden jeweils vereitelt?

2-4 Integrität und Verfügbarkeit
Warum ist es *nicht* sinnvoll, *keine* Integrität bzw. *keine* Verfügbarkeit zu wählen?

2-5 Schutzziel Vertraulichkeit
Stellen Sie sich vor, in einem Kommunikationsvorgang (z. B. Eröffnung eines Bankkontos) fallen personenbezogene Daten zu Ihrer Person an. Was sind aus Ihrer Sicht die personenbezogenen Daten, worauf bezieht sich das Schutzziel Vertraulichkeit in diesem Kontext und gegen welche Angreifer schützt Vertraulichkeit?

2-6 Welche Schutzziele mit welcher Gewichtung wählen?
Stellen Sie sich vor, dass Sie von verschiedenen öffentlichen Beratungsstellen Informationen einholen möchten: von der Drogenberatung, der Steuerberatung und der öffentlichen Energieberatung. Wie gewichten Sie die Schutzziele Ihrer Kommunikation mit diesen Stellen und warum? Betrachten Sie insbesondere die Schutzziele Vertraulichkeit, Anonymität und Unbeobachtbarkeit.

2-7 Monotonie von Schutzzielen
Sie etablieren als Kunde eine Geschäftsbeziehung zu einem neuen Händler. Sie wollen bei ihm anonym bestellen. Was müssen Sie bei

Ihrem Verhalten während des gesamten Geschäftsvorgangs (von der Etablierung der Geschäftsbeziehung an) beachten?

2-8 Implikationen zwischen Schutzzielen

a) Ist es möglich oder gar sinnvoll, Zurechenbarkeit eines Vertrages zu fordern, die Integrität des Vertrages aber nicht gewährleisten zu wollen? Bedenken Sie bei Ihrer Antwort die Implikation zwischen Zurechenbarkeit und Integrität. Begründen Sie Ihre Antwort.

b) Können Sie eine Nachricht so innerhalb eines Multimedia-Dokuments verstecken, dass der Nachrichteninhalt verständlich, die Nachricht selbst aber nicht feststellbar ist? Bedenken Sie bei Ihrer Antwort die Implikation zwischen Verdecktheit und Vertraulichkeit. Begründen Sie Ihre Antwort.

2-9 Ersetzende Wirkung von Schutzzielen

Sie haben in Ihrem System keine Mechanismen für die Umsetzung des Schutzzieles Unbeobachtbarkeit.

a) Wie können Sie Ihr Schutzziel trotzdem umzusetzen?

b) Wenn Sie keine Möglichkeit sehen, einen geeigneten Mechanismus zu beschaffen –gibt es alternative Schutzziele, die einen Ersatz bieten? Welche sind das und wie gut ist der Ersatz?

Starten Sie entsprechend der Anleitung in Kapitel 12.2.1 die Beispiel-Anwendung mit erweiterter Schutzzielkonfiguration (goals.bat).

2-10 Schutzziele für das Onlineshopping

Sie möchten über das Internet einkaufen, d. h. Sie möchten Preisauskünfte einholen sowie Waren bestellen und bezahlen. Dabei wollen Sie Ihre Kommunikation sichern. Stellen Sie die unten angegebenen Sicherheitsforderungen ein. Benutzen Sie die Hilfe, um bei Problemen Unterstützung zu erhalten und sich ggf. neues Wissen über Schutzziele anzueignen.

a) Stellen Sie für alle Aktionen der Transaktion *Informationen einholen* mittlere Sicherheit ein. Stellen Sie für alle Aktionen der Transaktion *Geschäftsabwicklung* hohe Sicherheit ein.

b) Stellen Sie für alle Aktionen der Transaktion *Geschäftsabwicklung* ein, dass *Sie* vertraulich und anonym kommunizieren wollen, und dass *Ihr Partner* nicht anonym sein soll. Stellen Sie außerdem ein, dass *Sie* zusätzliche Integritätsmaßnahmen wollen und nicht zurechenbar kommunizieren wollen, sowie, dass *Ihr Partner* zurechenbar kommunizieren soll. Stellen Sie für alle anderen Schutzziele ein, dass Sie Ihnen egal sind.

c) Stellen Sie für alle Aktionen der Transaktion *Geschäftsabwicklung* ein, dass Sie anonym und nicht zurechenbar kommunizieren wollen. Stellen Sie ein, dass Sie für die Aktionen *Rechnung* und *Zahlung* bereit sind, zurechenbar zu kommunizieren. Stellen Sie ein, dass Ihnen für die Aktionen *Rechnung*, *Zahlung* und *Zahlungsquittung* egal ist, ob Sie anonym kommunizieren.

2-11 Implikationen und Gewichtungen von Schutzzielen

Drücken Sie den Shortcut-Knopf für mittlere Sicherheit. Wählen Sie jetzt die Gewichtung *notfalls* für Vertraulichkeit aus. Was muss dazu getan werden und warum?

2-12 Monotonieverhalten

Nehmen Sie eine Einstellung vor, mit der Sie eine Ausgabe (Hinweisfenster) bezüglich der Monotonieeigenschaften provozieren. Wie ist das möglich?

3 Die SSONET-Architektur für mehrseitige Sicherheit bei der Kommunikation

Hier wird eine kurze Darstellung der erarbeiteten Architektur gegeben, die in den nachfolgenden Kapiteln weiter detailliert wird.

3.1 Die Struktur von SSONET

Entsprechend der oben beschriebenen Zielstellung (Kapitel 1) besteht die Architektur aus folgenden wesentlichen Komponenten (vgl. Abbildung 11):

Ein *Application Programming Interface (API)* ermöglicht die Einbindung von Sicherheitsmechanismen in Anwendungen, die auf der SSONET-Architektur aufsetzen.

Das *Security Management Interface (SMI)* bietet Endbenutzern die Möglichkeit zur Einstellung ihrer Schutzziele und präferierten Sicherheitsmechanismen für jede Teilaktion einer Anwendung, mit der eine Verbindung zu Kommunikationspartnern aufgebaut wird (sog. Kommunikationsaktion).

In der *Konfigurationskomponente* werden die Nutzereinstellungen gespeichert.

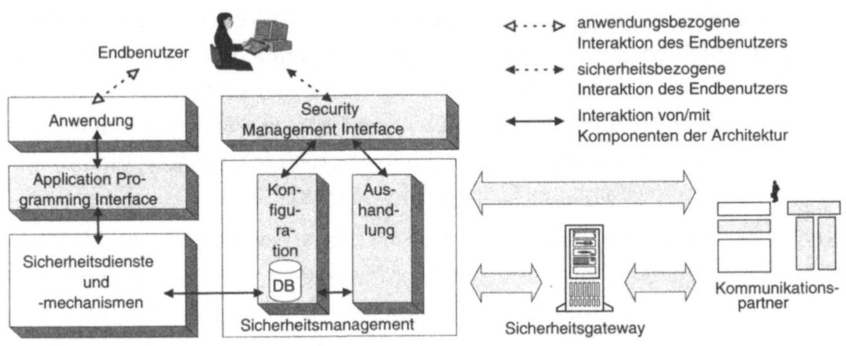

Abbildung 11: Aufbau der SSONET-Sicherheitsarchitektur

Die *Aushandlungskomponente* führt während des Verbindungsaufbaus zum Kommunikationspartner einen Abgleich der evtl. voneinander abweichenden Nutzerpräferenzen durch. Primärziel der Aushandlung ist die faire Ermittlung einer gemeinsamen Sicherheitsbasis für die Kommunikation der Teilnehmer. Sind die Schutzziele oder Mechanismenpräferenzen der Teilnehmer unvereinbar, so kann das Ergebnis der Aushandlung auch den bewussten Verzicht auf die Sicherung der Kommunikation oder gar auf die Kommunikation an sich bedeuten.

Einigen sich die Teilnehmer auf gemeinsame Schutzziele, besitzen aber keine gemeinsamen Sicherheitsmechanismen, so kann die Sicherheit der Kommunikation für manche Schutzziele über ein *Sicherheitsgateway* erreicht werden, das Umsetzungen zwischen den jeweils verwendeten Sicherheitsmechanismen vornimmt.

In SSONET sind *Schlüsselaustauschprotokolle* für symmetrische und asymmetrische Kryptoverfahren implementiert. Zugrundegelegt werden dabei Zertifikate nach X.509. Nach erfolgreicher Aushandlung der Kryptomechanismen für den Schutz der jeweiligen Anwendungsaktion werden die zugehörigen Schlüssel ausgetauscht und überprüft.

Das entwickelte System ist objektorientiert und plattformunabhängig durch Java, was allerdings (noch) Einbußen in der Ausführungsgeschwindigkeit mit sich bringt. SSONET ist durch das API für beliebige Anwendungen einsetzbar und durch Kapselung der Mechanismen unabhängig von konkreten Mechanismen-Implementierungen. Es nutzt keine eigenimplementierten Sicherheitsmechanismen, sondern solche von existierenden Kryptobibliotheken wie der frei verfügbaren Cryptix 3.1.0 [Cryptix_99].

Bei der Nutzung der SSONET-Architektur haben Endbenutzer die Möglichkeit, ihre eigenen Schutzinteressen zu formulieren. Konzipiert und implementiert sind in SSONET die Konfigurierungsschnittstellen und Aushandlungsmechanismen für:

- Schutzziele (Vertraulichkeit, Anonymität, Integrität, Zurechenbarkeit (siehe Kapitel 4.1), weiterhin Verdecktheit, Unbeobachtbarkeit, Verfügbarkeit und Erreichbarkeit (siehe Kapitel 2)),

- Sicherheitsmechanismen (jeweils einer oder mehrere zur Umsetzung eines Schutzzieles),
- Mechanismendetails entsprechend den Mechanismen (wie etwa Schlüssellängen, Iterationsrunden bzw. Rundenzahlen oder Betriebsmodi).

Flexible Nutzung von Sicherheitsmechanismen

Die SSONET-Architektur bietet Flexibilität in bezug auf die integrierten Sicherheitsmechanismen. Der hauptsächliche Vorteil dieser Flexibilität besteht in der schnellen Anpassbarkeit der zur Verfügung stehenden Mechanismen an aktuelle Entwicklungen, sei es die Existenz eines neuen Sicherheitsmechanismus oder der Ausschluss existierender Mechanismen aufgrund von Informationen über Schwächen oder Sicherheitslücken.

Der Nachteil anderer Lösungen ohne flexible Anbindung von Sicherheitsmechanismen liegt in der Notwendigkeit, die Schnittstellen oder die darauf aufsetzende Anwendung modifizieren zu müssen, und für den Endbenutzer darin, dass eine neue Programmversion (oder ein Patch) installiert werden müsste.

Die in SSONET erreichte Flexibilität bringt die Möglichkeit mit sich, dass Endbenutzer, die sich über aktuelle Entwicklungen (eben Verbesserungen oder entdeckte Sicherheitslücken in Algorithmen) informieren, darauf direkt reagieren können. Dies ist nicht nur bzgl. weniger fest vorgegebener Mechanismen, sondern bzgl. aller vorhandenen, zumindest aber aller ausgewählten Mechanismen möglich. Diese Aktualisierung könnte für den Nutzer vereinfacht werden, indem sich die Architektur regelmäßig (z. B. einmal pro Woche) auf einem SSONET-Server einloggt und den Stand der aktuellen Entwicklungen lädt, und auch dementsprechend angepasste Ratings, Regeln für Plausibilitätstests und neue Default-Werte für die Grundkonfiguration (siehe Kapitel 1). Das Laden der neuen Informationen kann mit den beim Endbenutzer verfügbaren Mechanismen gesichert werden.

Nutzung digitaler Signaturen

Digitale Signaturen leisten Sicherheit auf *mindestens zwei Ebenen.* Einerseits können sie die Zurechenbarkeit von Dateninhalten zu Personen und damit die Verantwortlichkeit der Personen für diese Dateninhalte sichern. Andererseits können digitale Signaturen Datenkontexte auf Verbindungsebene sichern. Da die SSONET-Sicherheitsarchitektur eine generisch benutzbare Schnittstelle zur Sicherung der Kommunikation auf Verbindungsebene anbietet, werden digitale Signaturen hier für das beweisbare Senden von aus Sicht von SSONET opaquen Objekten verwendet. Diese signierten Objekte können auf Wunsch des Empfängers z. B. sequentiell in einer Datei abgespeichert werden. Der Anwender muss festlegen, wie lange digital signierte Daten aufbewahrt werden.

Eine weitere Konsequenz der Ansiedlung der Architektur auf Verbindungsebene ist, dass kein Konzept dafür geschaffen wurde, wie Anwendungen *signierte Dateninhalte anzeigen.* Empfänger von Nachrichten bekommen von der Architektur eine Fehlermeldung angezeigt, wenn der Signaturtest auf Verbindungsebene nicht erfolgreich war. Die Architektur kann nicht interpretieren, was signiert wurde, denn sie behandelt Daten unabhängig von der Anwendungssemantik. Nur die Anwendung selbst kann zu signierende Daten in ihrer Bedeutung darstellen. Ob die Darstellung authentisch ist, ob der Benutzer also genau das sieht, was er signiert, hängt von der Sicherheit der gesamten benutzten Hard- und Software ab. Indem signierte Nachrichten an der Oberfläche angezeigt werden, erhöht sich abhängig davon, ob der Nutzer noch Eingriffsmöglichkeiten hat, nicht unbedingt die Sicherheit, in jedem Fall steigt aber das Bewusstsein beim Nutzer, mit Sicherheitsmechanismen umzugehen.

Um die Zurechenbarkeit von Dateninhalten zu ihren Sendern und die authentische Anzeige der zu signierenden bzw. signierten Dateninhalte zu gewährleisten, müsste SSONET eine Schnittstelle auf Anwendungsebene anbieten. Dies würde zu einer Erweiterung der Architektur auf mehrere Ebenen führen und hätte möglicherweise die Einschränkung der Wiederverwendbarkeit der Architektur zur Folge.

3.2 Beschreibung anhand von Merkmalen

In [WPSW_97] wurden einige Sicherheitsarchitekturen wie BirliX [HäKK_92], Kryptomanager [BaBl_96], Microsoft CryptoAPI [Wiew_96], SEMPER [Waid_96], DCE [Schi_97], CORBA [OMG_97], CISS [MPSC_93] sowie PLASMA [Kran_96] anhand der gegebenen Rahmenbedingungen, der angebotenen Funktionalität und Spezifika der Implementierung bewertet. Für einen direkten Vergleich zur SSONET-Architektur werden in den folgenden Tabellen 6 bis 8 die Ausprägungen in SSONET beschrieben.

Rahmenbedingungen	
Merkmale	**Ausprägung in SSONET**
Validierbarkeit: Wird eine Bewertung der Architektur hinsichtlich ihrer Sicherheitseigenschaften ermöglicht? Kann sich der Endbenutzer davon überzeugen, d. h. liegen Spezifikationen bzw. Quelltexte vor?	Validierung anhand von *Quelltexten* ist möglich, allerdings wird kein Konzept für die Verteilung der Quelltexte umgesetzt, z. B. Ladbarkeit von WWW-Server o.ä. Ggf. kann die Architektur neu übersetzt werden. Spezifikationen und Protokollabläufe liegen in Form von Projektberichten bzw. dem Lastenheft vor [SSONET].
Sicherheitspolitik: Setzt die Architektur eine fest vorgegebene Sicherheitspolitik um oder ist sie politikneutral, d. h. erlaubt sie verschiedene Sicherheitspolitiken? Ist die Architektur offen für neue Schutzziele der Nutzer? (Dies hat z. B. Auswirkungen darauf, ob Instanzen gleichrangig bzw. gleich stark sein können oder nicht.)	SSONET verhält sich *politikneutral* und setzt somit das Konzept der mehrseitigen Sicherheit um, die allen Endbenutzern die Formulierung einer Politik entsprechend ihrer eigenen Schutzziele erlaubt. Die Eingabe von Politiken für Nutzergruppen (z. B. firmenintern) ist möglich. SSONET ist offen für Änderungen der Schutzinteressen der Nutzer. „Neue" Schutzziele können vom Endbenutzer allein nicht integriert werden (bedarf der Implementierung).
Überprüfbare Rechteentstehung: Wenn Nutzer Rechte nicht nur verliehen bekommen, sondern auch selbst erzeugen und weitergeben können, ist solch ein Transfer dann überprüfbar und zum Ursprung zurückführbar? Welche Instanzen müssen kooperieren, um eine Zurückführung zu ermöglichen (z. B. keine, alle)?	*Autorisierung* wird in SSONET (bisher) *nicht betrachtet.* Erste Ansätze zur Rechteentstehung sind die integrierten fremd- oder selbsterzeugten Zertifikate.
Voraussetzung vertrauenswürdiger Instanzen: Muss eine bestimmte Infrastruktur vorhanden sein? Werden Instanzen zur Schlüsselzer-	Vorausgesetzt werden (nicht implementiert sind): *SSONET-Server* zum Nachladen von Konfigurationen, Mechanismen und Mechanis-

tifizierung, -verteilung oder -generierung vorausgesetzt?	menbewertungen, *Zertifikat-Server* zur Zertifizierung und Verteilung von Schlüsseln.
Zertifizierung: Ist die Sicherheit der Architektur bezüglich bestimmter Kriterien zertifiziert worden?	Nein.
Standardisierung: Ist das Konzept der Architektur ein (internationaler) Standard?	Nein.
Referenzimplementierung: Existiert eine beispielhafte Implementierung der Architektur?	Ja, als *Prototyp*.
Marktverfügbarkeit: Handelt es sich – sofern eine Implementierung existiert – um ein frei verfügbares (public domain) oder ein kommerzielles Produkt?	Für Forschungszwecke frei *verfügbar*.

Tabelle 6: Die SSONET-Rahmenbedingungen anhand der Kriterien aus [WPSW_97]

Funktionalität	
Merkmale	**Ausprägung in SSONET**
Unterstützung spezieller Hardware: Kann durch die Architektur der Einsatz spezieller Hardware unterstützt werden?	Momentan ist *keine* Hardwareunterstützung implementiert. Spezielle Hardware wie z. B. ein Hardwaremodul für Sicherheitsmechanismen kann unterstützt werden.
Anonymität von Instanzen: Unterstützt die Architektur Anonymitätskonzepte; verhält sie sich diesbezüglich möglicherweise neutral?	Die *Benutzungsschnittstelle* ist zur Integration von Anonymitätskonzepten vorbereitet; in der prototypischen Implementierung sind sie nicht umgesetzt. Es ist möglich, Zertifikate auf Pseudonyme auszustellen.
Sicherheitsmechanismen: Bietet die Architektur Sicherheitsmechanismen für symmetrische und asymmetrische Verschlüsselung, symmetrische und asymmetrische Authentisierung, Schlüsselaustausch, etc.?	Die Architektur bietet: symm. und asymm. Verschlüsselung, symm. und asymm. Authentisierung, digitale Signatur, Schlüsselaustausch und -zertifizierung, keine Zugriffskontrolle (bzw. Autorisierung)
Anpassbarkeit: Ist die angebotene Funktionalität für eine Feinabstimmung auf spezielle Bedürfnisse verschiedener Nutzer geeignet?	Eine Anpassbarkeit ist zum Teil durch Konfigurationsmöglichkeiten gegeben, wie etwa durch eine *private Konfigurationsdatei* des Endbenutzers. Weiterhin können Endbenutzer je nach Wissensstand Einstellungen zu Schutzzielen über die auszuwählenden Mechanismen bis hin zu den Details von Mechanismen vornehmen.

Tabelle 7: Die SSONET-Funktionalität anhand der Kriterien aus [WPSW_97]

Implementierung	
Merkmale	**Ausprägung in SSONET**
Schnittstellenspezifikation: Sind die Export- bzw. Importschnittstellen der Architektur erweiterbar? Herrscht z. B. Offenheit gegenüber neuen Kryptoverfahren (Import)? Werden zur Diensterbringung ausreichende Exportschnittstellen angeboten?	Schnittstelle zu Kryptoverfahren und API zu Anwendungen sind *erweiterbar*. Offenheit gegenüber neuen Kryptoverfahren wird durch *Adapterklassen*, ausreichende Exportschnittstellen durch sichere *Streams* erreicht.
Erweiterbarkeit: Können Module mit neuer Funktionalität aufgenommen werden?	Für die Aufnahme neuer *Module oder Klassen* sind keine softwaretechnischen Änderungen an der Architektur nötig.
Anforderungen an Hardware: Welche technischen Voraussetzungen, die über gängige Standardkonfigurationen hinausgehen, müssen erfüllt sein (z. B. manipulationssichere Hardware, Chipkartenleser)?	Ein *lokal sicheres Endsystem* wird jeweils als gegeben vorausgesetzt.
Verwendung von Standards: Sind standardisierte Kryptoverfahren und Datenaustauschformate in der Implementierung enthalten?	Die Architektur nutzt X.509-Zertifikate und standardisierte Kryptoverfahren wie DES und DSA.
Verwendung zertifizierter Bausteine: Wird in der untersuchten Architektur zertifizierte Hard-/ Software eingesetzt?	Nein, aber prinzipiell möglich.

Tabelle 8: Die SSONET-Implementierungsspezifika anhand der Kriterien aus [WPSW_97]

In [PiRi_94, S. 143f.] werden zur Einordnung von Architekturen die folgenden Kriterien genannt:

- **generisch ↔ spezifisch**: Generische Architekturen sind für alle informationstechnischen Systeme gleich gut anwendbar, bleiben dadurch aber abstrakt und oberflächlich. Spezifische Architekturen sind für ganz bestimmte Systeme maßgeschneidert.
- **top-down ↔ bottom-up**: Bei einem top-down-Ansatz werden die benötigten Sicherheitsfunktionen und -komponenten schrittweise aus den Sicherheitsanforderungen abgeleitet. Ein bottom-up-Ansatz beginnt mit der Untersuchung und Entwicklung von kryptographischen Algorithmen und

Sicherheitsmechanismen, um ihren Einsatz in verschiedenen Systemen zu unterstützen.

- **konstruktiv ↔ analytisch**: Eine konstruktive Sicherheitsarchitektur beschreibt eine Methodik, um sichere Systeme zu entwerfen. Eine rein analytische Architektur kann beim Testen und bei der Evaluation der Sicherheit verschiedener Systeme unmittelbar behilflich sein.
- **voll integriert ↔ unabhängig**: Eine voll integrierte Sicherheitsarchitektur bildet einen nahezu untrennbaren Bestandteil der Systemarchitektur und wird gemeinsam mit dieser entwickelt. Eine unabhängige Sicherheitsarchitektur kann aus Bausteinen bestehen, die weitgehend beliebig integriert werden können.

Anhand dieser Kriterien kann SSONET folgendermaßen eingeordnet werden:

SSONET ist eine *generische* Sicherheitsarchitektur, allerdings spezifisch für die Sicherung von Kommunikationsverbindungen konzipiert. In SSONET wurde ein *top-down*-Ansatz verfolgt. Es wurde ausgehend von den Benutzerbedürfnissen eine Systematik für die gezielte Auswahl der Mechanismen erarbeitet. Kryptographische Algorithmen wurden hingegen nicht entwickelt. SSONET beschreibt eine Vorgehensweise, um potenziell gegensätzliche Schutzinteressen zu sammeln und zur Laufzeit mittels Verhandlung einen Ausgleich herbeizuführen. Die Architektur ist in diesem Sinne als *konstruktiv* zu bezeichnen. SSONET ist insofern *unabhängig* vom Kommunikationssystem, da es eher neben einem Transportdienst steht, als dass es ins Netz integriert ist. SSONET ist außerdem nicht in Betriebssysteme integriert, ja nicht einmal auf ein spezielles zugeschnitten, aber in seiner Funktion und Sicherheit natürlich von der Sicherheit des verwendeten Betriebssystems abhängig (vgl. Annahme 1 in Kapitel 1.2).

3.3 Aufgaben

3-1 Was wird signiert?

In der SSONET-Sicherheitsarchitektur werden Pakete auf der Übertragungsebene digital signiert. Auf welcher Ebene sind digitale Signaturen auch gebräuchlich?

3-2 Umgang mit digitalen Signaturen

Digitale Signaturen sind Beweismittel für Aussagen, Willenserklärungen, etc. und damit rechtliche Verpflichtungen des Kommunikationspartners. Wie sollten Empfänger von digitalen Signaturen mit diesen umgehen?

4 Konfigurierung von Schutzzielen und Mechanismen

Bei der Nutzung der Sicherheitsplattform muss der Nutzer beim Umgang mit heterogenen Schutzzielen und für verschiedene Systeme und Anwendungen unterschiedlich geeigneten Sicherheitsmechanismen unterstützt werden. Die Plattform muss also von spezifischen Details der Sicherheitsmechanismen, der Implementierung oder der Mechanismenintegration abstrahieren, um dem Nutzer eine homogene Schnittstelle anzubieten.

4.1 Das Security Management Interface

Das Security Management Interface (SMI) bietet dem Nutzer Oberflächen zur Eingabe und Modifikation seiner Schutzziele an. Dazu dienen sowohl die Fenster der *Grundkonfiguration* als auch der *Anwendungskonfiguration* (Abbildung 12). Die zuvor (von der Architektur bzw. dem Anwendungsentwickler) festgelegten *Anwendungsanforderungen* stellen das Mindestmaß an notwendiger Sicherheitsfunktionalität für eine Anwendung (bzw. deren Aktionen) dar. Sind das lokale System und die Anwendung konfiguriert und startet der Endbenutzer die Kommunikation, so wird eine möglichst automatisch ablaufende Aushandlungsphase angestoßen, im Laufe derer sich die Kommunikationspartner auf eine Kommunikationsgrundlage (*Verbindungskonfiguration*) einigen.

In den folgenden Kapiteln wird besonders auf die Aspekte der in SSONET implementierten Konfigurierung eingegangen.

4.1.1 Grundkonfiguration – Konfigurierung der Sicherheitsmechanismen

Die SSONET-Architektur beinhaltet bei Auslieferung Standardeinstellungen für die *Grundkonfiguration.* Diese berechnet sich teilweise aus den im Rating (siehe Kapitel 4.1.1.2) gewonnenen Erkenntnissen über Sicherheit, Durchsatz und Kosten für den Einsatz der Mechanismen und bezieht sich auf die standardmäßig mit der Architektur mitgelieferten Mechanismen. Der Nutzer kann alternativ aber auch ein Rating erstellen lassen, das die Sicherheitsmechanismen entsprechend seiner Gewichtung der Kriterien (Sicherheit, Ausführungsgeschwindigkeit, Kosten) bewertet und so in eine halbautomatisch erstellte Präferenzliste einordnet. Beide Listen – die Liste der Standardeinstellungen als auch die benutzergewichtete Präferenzliste – können in den Dialogfenstern der Grundkonfiguration über das SMI (Security Management Interface) entsprechend den Nutzerwünschen (weiter) modifiziert werden.

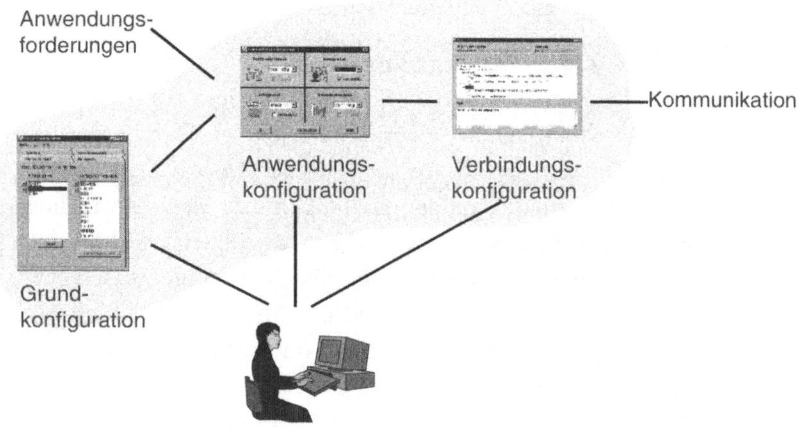

Abbildung 12: Wechselwirkung zwischen Anwendungsanforderungen, Grund- und Anwendungskonfiguration [nach WWWZ1_98]

Im linken Teil der Abbildung 13 ist als Beispiel das Fenster für das Editieren der Präferenzliste zum Schutzziel Zurechenbarkeit (Erstellen bzw. Akzeptieren digitaler Signaturen) gezeigt. Im rechten Teil der Abbildung 13 ist als Beispiel ein Detailfenster für die Auswahl der Betriebsarten für den Sicherheitsmechanismus RSA abgebildet. Weitere konfigurierbare Details sind die zu verwendende Schlüssellänge und der zu verwendende Hash-Mechanismus.

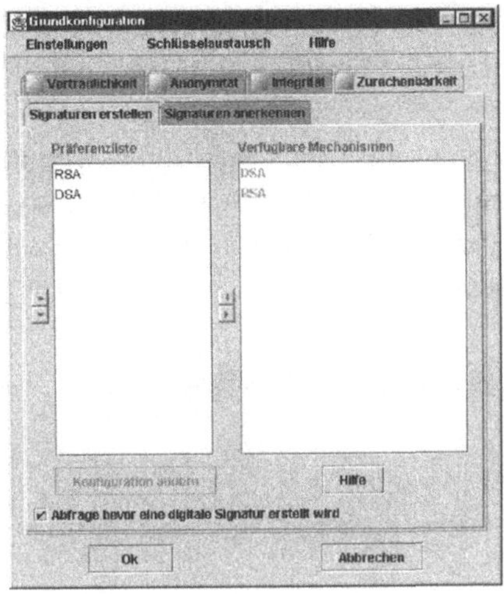

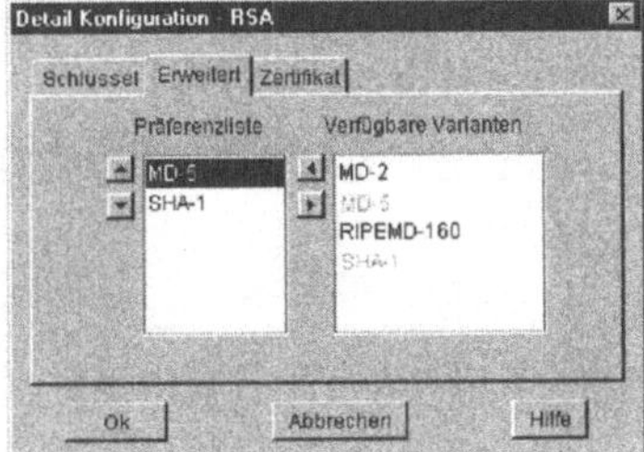

Abbildung 13:Präferenzliste und Detailkonfiguration der Mechanismen

4.1.1.1 Bewertung von Mechanismen – Leistungstest

Durch die Ausführung eines Leistungstests wird die Leistungsfähigkeit der auf dem lokalen System verfügbaren Sicherheitsmechanismen für jedes Schutzziel unter den aktuellen Gegebenheiten (z. B. CPU-Last durch verschiedene Anwendungen) getestet. Die Ergebnisse dieses Tests werden für den Nutzer veranschaulicht (siehe Abbildung 14). Darüber hinaus fließen die Messergebnisse automatisch in das Rating (s. u.) ein, wo sie einen Teilwert zur Gesamtbewertung der Sicherheitsmechanismen beisteuern.

Die bei diesem Test gemessenen Unterschiede der Dauer von Ver- bzw. Entschlüsselung setzen sich aus mehreren Komponenten zusammen:

1. Algorithmenspezifika

2. Spezifika des Interpreters bzw. Compilers und der virtuellen Maschine.

Für symmetrische Blockchiffren entfallen algorithmenspezifische Unterschiede bei Ver- und Entschlüsselung. Beide Operationen beanspruchen die gleiche Rechenzeit. Es kommen jedoch für JAVA interpreter- bzw. compilerspezifische Eigenschaften hinzu: Für die zuerst ausgeführte Verschlüsselung wird eine einmalige Ladezeit der Klassen und Optimierzeit der Variablenzugriffe (Just In Time Compiler) benötigt, die bei der Ausführung der Entschlüsselung entfallen, da Klassen schon geladen wurden.

Für asymmetrische Algorithmen existieren zusätzlich algorithmenspezifische Unterschiede für Ver- und Entschlüsselungszeit. Hier wird mit extrem kleinen, fest gewählten bzw. großen, variablen Exponenten gearbeitet, die als Schlüssel in die Ver- bzw. Entschlüsselungsoperation eingehen (analog für Testen und Signieren).

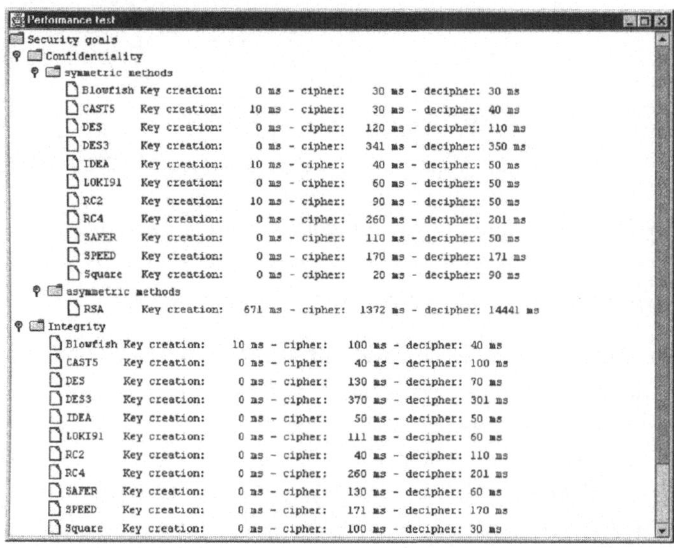

Abbildung 14: Beispielergebnisse des Leistungstests (AMD K6-II 450 MHz, 256 MB Hauptspeicher, unter Windows NT)

Selbst auf dem eigenen lokalen System können in bestimmten Systemsituationen unterschiedliche Grenzen für die Einsetzbarkeit leistungsstärkerer oder -schwächerer Mechanismen gelten. Somit kann es durchaus sinnvoll sein, in regelmäßigen Abständen oder in speziellen Systemsituationen erneut einen Leistungstest durchzuführen, um aufgrund von aktuellen Testergebnissen Entscheidungen über zu nutzende Mechanismen zu treffen.

4.1.1.2 Bewertung von Mechanismen – Rating

Das Rating bildet ein Rahmenwerk zur interaktiven Ermittlung präferierter Sicherheitsmechanismen. Es wurde integriert, um Nutzern und insbesondere Nicht-Experten während der Konfigurierung eine begründete Entscheidung für oder gegen bestimmte Mechanismen zu erleichtern. Der Endbenutzer kann sich anzeigen lassen, wie die Mechanismen von Experten bewertet werden und wird in die Lage versetzt, Wichtungen für einzelne Bewertungskriterien zu vergeben, anhand derer programmintern unter Zuhilfenahme der Expertenbewertung mittels Formel (1) ein Gesamtwert G_{Mech} für jeden Mechanismus errechnet wird:

$$G_{Mech} = \sum_{i=1}^{k} a_i \cdot v_i$$

(1)

Dabei ist a_i die Gewichtung durch den Nutzer für ein Kriterium, also der Faktor zur Multiplikation mit normierten Expertenwerten v. Der Index i geht über die folgenden k Kriterien:

1. Sicherheit des Algorithmus $v_{1,1}$ (kryptographische Stärke, Schlüssellänge) und Sicherheit der Implementierung $v_{1,2}$ (korrekte Umsetzung einer vollständigen Spezifikation), wobei

   $$v_1 = min\,(v_{1,1}, v_{1,2})$$

   (2)

2. Durchsatz (durch Messung ermittelt),
3. Relativ zu anderen Mechanismen niedrige Beschaffungs-, Einrichtungs- und Wartungskosten (Schätzwert).

Weiterhin kann der Nutzer für die Ausschlusskriterien

- minimaler Durchsatz (durch Messung ermittelt, siehe Kapitel 4.1.1.1) und
- maximale Kosten

jeweils den gewünschten unteren bzw. oberen Grenzwert angeben. Für das Kriterium

- „Challenge“

kann eingestellt werden, ob das Brechen eines Mechanismus im Rahmen eines Challenges zum Ausscheiden des Mechanismus führen soll.

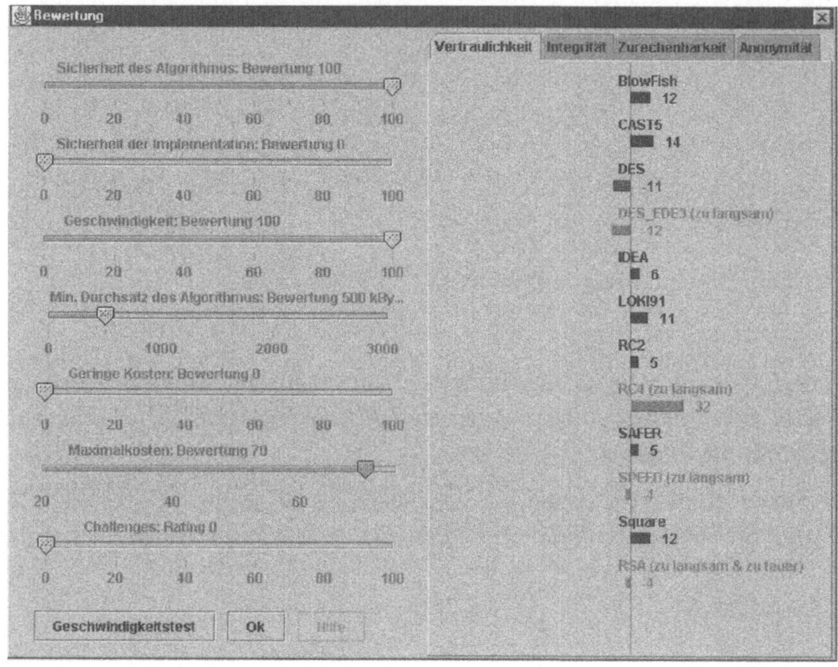

Abbildung 15: Rating-Dialog

Der Vergleich aller verfügbaren Mechanismen auf dieser Basis liefert als Ergebnis ein benutzergewichtetes Rating. Dies stellt die für alle verfügbaren Mechanismen ermittelten Gesamtwerte in einem Balkendiagramm zueinander ins Verhältnis. Je nach Nutzergewichtung (abhängig vom Zweck und den Bedingungen des Einsatzes) kann der Endbenutzer auch unter bestimmten Voraussetzungen wenig sichere Mechanismen zur Auswahl zulassen. Die Gesamtbewertung erfolgt pro Schutzziel, da einige Mechanismen für mehrere Schutzziele anwendbar sind.

Durch die gezeigten Mechanismen Konfigurierung, Plausibilitätstest, Leistungstest und Rating wird dem Nutzer ermöglicht, die Heterogenität von Sicherheitsmechanismen einzuschätzen, davon zu abstrahieren und seine Sicherheitsinteressen zu formulieren.

4.1.2 Anwendungsanforderungen – Einstellungen des Anwendungsentwicklers

Für auf der SSONET-Plattform lauffähige Anwendungen werden durch den Anwendungsentwickler oder Experten *Anwendungsanforderungen* festgelegt. Die Anwendungsanforderungen stellen ein aus Sicht der Experten nicht zu unterschreitendes Mindestmaß an Sicherheitsfunktionalität dar, das für eine Anwendung notwendig ist. Die geforderten Schutzziele werden pro Anwendungsaktion festgelegt. Die Stärke der Forderung kann aus den in Tabelle 9 dargestellten fünf Gewichtungen ausgewählt werden (vgl. auch [GaPS_98]).

unconditional	unbedingt
if possible	möglichst
don't care	egal
if necessary	notfalls
on no condition	keinesfalls

Tabelle 9: Gewichtungen für Schutzziele

Die Gewichtungen dienen direkt der Beeinflussung des Aushandlungsprozesses über die Schutzziele in Phase 1 (siehe Kapitel 5.2.1.1). Dabei sind `unconditional` und `on no condition` die härtesten Forderungen und bedeuten, dass der Nutzer generell nicht bereit ist, von seinen Sicherheitsanforderungen abzuweichen. Für ein Schutzziel `unconditional` als harte Forderung einzustellen, kann zum Beispiel sinnvoll sein für Zurechenbarkeit, wenn ein Nutzer verbindliche Aktionen wie Bestellungen oder Zahlungen ausführen will und für ihn damit das Sammeln von Beweisen wichtig ist. Die Anwendungsanforderung kann `don't care` (egal) sein, wenn während einer Aktion keine sensiblen bzw. besonders schutzbedürftigen Daten übertragen werden. Die Gewichtung `if possible` wird benötigt, um zu kennzeichnen, dass die Erreichung eines Schutzzieles sinnvoll ist, aber nicht zwingend notwendig. Analoges gilt für die Einstellung `if necessary`; es ist z. B. in manchen Fällen (wenn nicht anonym kommuniziert werden soll) nicht zwingend notwendig, „keine Zurechenbarkeit“ hart zu fordern, der Nutzer könnte aber durchaus auch bereit sein, Zurechenbarkeitsmechanismen anzuwenden. Die Tabelle 10 gibt beispielhaft die lokal festgelegten Anwendungsanforderungen für die Aktion „Abschicken der Bestellung“ bei Partner A (in der Rolle des Kunden) an und stellt sie den entsprechenden lokalen Einstellungen bei Partner B (in der Rolle des Händlers) gegenüber.

	Partner A (sender)	Partner B (recipient)
	Customer	Merchant
SecurityGoal \ Action	SendOrder	ReceiveOrder
confidentiality	unconditional	on no condition
anonymity	on no condition	on no condition
accountability	if necessary	unconditional
integrity	unconditional	unconditional

Tabelle 10: Beispiel für Anwendungsanforderungen für eine Aktion

4.1.3 Anwendungskonfiguration – Konfigurierung der Schutzziele

Startet der Endbenutzer eine Anwendung, so werden im Dialogfenster für die *Anwendungskonfiguration* die zuvor festgelegten Anwendungsanforderungen pro Aktion angezeigt. Nutzer können entsprechend ihren Schutzzielen andere Einstellungen wählen (Abbildung 16). Dabei gelten die gleichen fünf Gewichtungen wie bei der Festlegung der Anwendungsanforderungen (Tabelle 9). Zur zusätzlichen Charakterisierung der Gewichtungen `unconditional` und `on no condition` wurde die Auswahl-Box `negotiable` (verhandelbar) eingeführt, um in der späteren Aushandlung interaktive, partnerbezogene Entscheidungen über Schutzziele zu ermöglichen.

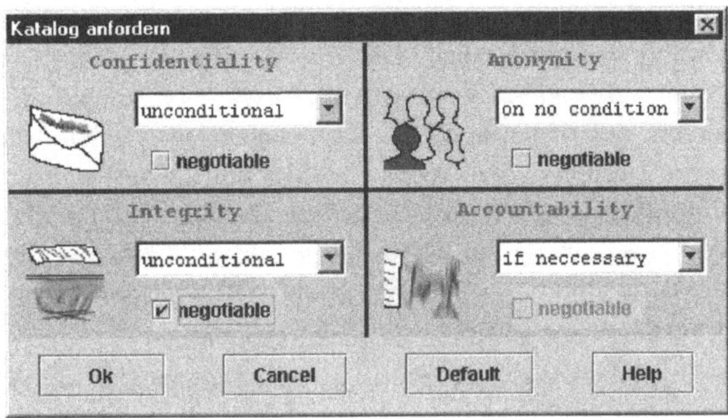

Abbildung 16: Anwendungskonfiguration für eine Aktion

Während der Einstellung der Anwendungskonfiguration werden entsprechend der ausgewählten Gewichtung „dynamisch“ Icons angezeigt, die insbesondere Nicht-Experten unterstützen und ihnen die Benutzung der SSONET-Plattform vereinfachen sollen. Zum Beispiel wird für die Forderung des Schutzzieles Vertraulichkeit ein verschlossener Briefumschlag als Symbol der geschützten Nachrichteninhalte angezeigt, andernfalls eine Postkarte als Symbol für „ungehindertes Mitlesen auf der Übertragungsstrecke“.

4.1.4 Wechselwirkung zwischen Grund- und Anwendungskonfiguration

Zwei Vereinfachungen, die in SSONET vorgenommen wurden, beziehen sich auf die Konfigurierung von Schutzzielen und Mechanismen. So können Endbenutzer in der Grundkonfiguration ihre Präferenzen zu Sicherheitsmechanismen global festlegen. Diese *Grundkonfiguration erben alle Anwendungen gleichermaßen*, d. h. es ist nicht möglich, für einzelne Anwendungen die Liste der Sicherheitsmechanismen zu modifizieren, wohl aber, die Wahl der Schutzziele anwendungsspezifisch vorzunehmen. Im ersten Abschnitt dieses Kapitels wurde schon erwähnt, dass für manche Anwendungen eine Auswahl von Sicherheitsmechanismen mit anderen Eigenschaften sinnvoll sein kann. Dies könnte zum Beispiel realisiert werden, indem bei der Anwendungskonfiguration nicht nur Einstellungen zu den Schutzzielen, sondern auch anwendungs- und/ oder aktionsbezogen Sicherheitsmechanismen ausgewählt werden können. Die Implementierung dieses Konzeptes wäre nicht sehr aufwendig. Es müssten allerdings Vererbungsstrategien formuliert werden, aus denen auch die Endbenutzer auswählen können. Ein Vorschlag zur Lösung wäre: Wenn die Mechanismenpräferenzen in der Grundkonfiguration geändert werden, erfolgt für jede konfigurierte Anwendung eine Abfrage, ob sie die neuen Einstellungen erben soll. Dann muss anhand einer Liste aller betroffenen Aktionen vom Endbenutzer entschieden werden, ob sie die neuen Einstellungen erben sollen.

Die zweite Vereinfachung (zumindest aus gesamtkonzeptioneller Sicht) besteht darin, dass Endbenutzer ihre Schutzziele nur aktionsbezogen innerhalb der jeweiligen Anwendungen formulieren. Das heißt es gibt keine Möglichkeit, eine globale Grundeinstellung der Schutzziele vorzunehmen, aus der die einzelnen Anwendungen erben können. Dieses alternative Konzept (globale Grundeinstellung der Schutzziele) wäre mit Java implementierbar (Mehrfachvererbung durch Interfaces). Um den Endbenutzer auch ohne dies von zuviel Konfigurierungsaufwand zu entlasten, stehen die Konzepte Anwendungsanforderungen (siehe oben) und Schutz- bzw. Aktionsklassen [Wolf_98] zur Verfügung.

Die Begründung für diese Vereinfachungen war die Reduzierung der Komplexität für den Endbenutzer. Natürlich geht mit dieser reduzierten Komplexität ein Verlust der Flexibilität (und auch der gebotenen Funktionalität) einher.

Plausibilitätstest: Bevor Grund- und Anwendungskonfiguration in einer sicheren Datenbank abgespeichert werden, testet die Sicherheitsplattform mit einem Plausibilitätstest die Konsistenz der Einstellungen. Für diesen Test werden Regeln verwendet, die z. B. folgenden Klassen angehören können: gegenseitiger Ausschluss von Schutzzielen, gemeinsame Anwendung zweier Schutzziele, zwingende Auswahl eines Algorithmus aufgrund von Schutzzielkombinationen. Ausgewählte Beispielregeln sind in Tabelle 11 beschrieben. Die Erfüllung einiger solcher Regeln kann bereits durch ein geeignetes Oberflächen- bzw. Systemdesign erreicht werden (harte Regeln);

bei anderen Regeln mit Empfehlungscharakter bedarf es der Fehlermeldung an den Nutzer und einer Nutzerentscheidung über das weitere Vorgehen zur Beseitigung inkonsistenter Einstellungen.

wenn	dann: durch System automatisieren	dann: Nutzerinformation
Senderanonymität	Zurechenbarkeit nicht wählbar keine personenbezogenen digitalen Signaturen leistbar Verschlüsselung automatisch ausgewählt	Hinweis, dass Inhaltsdaten keinen Absenderbezug enthalten sollten; Hinweis, dass Verschlüsselung empfehlenswert ist und deshalb ausgewählt wurde
Empfängeranonymität	Zurechenbarkeit nicht wählbar keine personenbezogenen Empfangsquittungen leistbar Verschlüsselung automatisch ausgewählt	Hinweis, dass Verschlüsselung empfehlenswert ist und deshalb ausgewählt wurde
Unbeobachtbarkeit der Kommunikationsbeziehung	Verkettbarkeit über Inhalte vermeiden Verschlüsselung (indeterministisch) automatisch ausgewählt zeitliche Verkettbarkeit vermeiden dummy traffic (Senden bedeutungsloser Nachrichten)	Hinweis, dass Verschlüsselung empfehlenswert ist und deshalb ausgewählt wurde Hinweis, dass Verfahren aufwendig sind und Geschwindigkeitseinbußen hervorrufen können
Zurechenbarkeit	Integrität automatisch ausgewählt; Verfahren Digitale Signatur wird verwendet	Hinweis, dass Zurechenbarkeit auch die Beweisbarkeit gegenüber Dritten ermöglicht; Willensäußerung ist notwendig

Tabelle 11: Beispielregeln für den Plausibilitätstest

4.2 Aufgaben und Unterstützung der beteiligten Rollen

Am Prozess von der Erstellung einer Sicherheitsarchitektur bis zur Nutzung gesicherter Anwendungen sind verschiedene Personengruppen bzw. Rollen beteiligt:

1. Entwickler der Sicherheitsarchitektur bzw. Sicherheitsexperten,

2. Anwendungsentwickler, die die Dienste der Sicherheitsarchitektur nutzen und in Anwendungen integrieren,
3. Systemadministratoren, die Einstellungen für ihren speziellen System- oder Organisationsbereich vornehmen oder als persönlicher Berater eines Endbenutzers fungieren,
4. Endbenutzer, die die Anwendungen nutzen.

Jede Rolle erfüllt schrittweise die notwendigen Aufgaben auf dem Weg zur Nutzung einer gesicherten Anwendung und wird dabei durch Vorarbeiten anderer Rollen unterstützt. Die Übergänge zwischen den einzelnen Rollen und ihren Aufgaben im Design- und Nutzungsprozess sind teilweise fließend. Die Aufgaben in den Rollen des Systemadministrators und des Endbenutzers können bei entsprechendem Wissen z. B. von der gleichen Person durchgeführt werden, ebenso wie die Rollen des Sicherheitsarchitektur- und Anwendungsentwicklers oder des Anwendungsentwicklers und Systemadministrators zusammenfallen können.

Es wird beschrieben, bei welchen Tätigkeiten eine Rolle durch welche Konzepte unterstützt wird und durch die Erfüllung welcher Aufgaben eine Rolle ihren nachfolgenden Unterstützung liefert. Generell nützliche Grundkonzepte zur Unterstützung des Entwicklungs- und Nutzungsprozesses sind u. a. Abstraktion, Information über Funktionalität und Rahmenbedingungen, geeignete Schnittstellengestaltung, Standardvorgaben, Datenverwaltung, Automation von Prozessen und Fehlermeldungen.

Zunächst muss Nutzern klargemacht werden, welche Funktionalität ihnen die Architektur bietet. Ein geeigneter Mechanismus, Funktionalität Nutzern mit unterschiedlichem Wissensstand – also Experten und insbesondere Laien – nahe zu bringen, ist die *Abstraktion*. Es wird in allgemeiner Form erklärt, welche Dienste die Architektur erbringt bzw. erbringen kann, wobei von speziellen Details und Einzelheiten abstrahiert wird.

Die Fähigkeit eines Nutzers, seine eigenen Sicherheitsinteressen zu formulieren, hängt jedoch vom Wissen des Nutzers z. B. über die Architektur, Eigenschaften von Sicherheitsmechanismen und möglichen Angreifern ab. Der Grad der eigenverantwortlichen Formulierung von Sicherheitsinteressen durch Nichtexperten kann also nur durch ihre *Informiertheit* erhöht werden. Die Information von Nutzern einer Architektur für mehrseitige Sicherheit geht weit über übliche Hilfetexte hinaus. Es müssen Informationen u. a. über die Leistungsfähigkeit und Anwendbarkeit von Sicherheitsmechanismen, über mögliche Angreifer bei der verteilten Kommunikation im Netz und über Auswirkungen der Nutzung von Sicherheitsmechanismen (evtl. Performanceverluste, Rechtsgrundlagen) bereitstehen und geeignet aufbereitet werden. Zur nutzeradäquaten Aufbereitung der Informationen steht u. a. das Hilfsmittel der Abstraktion zur Verfügung.

Aber auch bei guter Nutzerinformation setzt sich die notwendige Nutzerunterstützung weiter fort. Wichtig für den Konfigurierungsvorgang ist einerseits die nicht nur ergonomische, sondern auch funktionale *Gestaltung der Benutzungsschnittstelle* (z. B. Verhinderung nicht plausibler Einstellungen), andererseits auch ein Test der getroffenen Einstellungen und die Ausgabe entsprechender *Nutzerhinweise im Fehlerfall.* Inhaltliche Kriterien hierfür sind z. B. geeignete Schutzzielkombinationen, die Nutzbarkeit von Sicherheitsmechanismen für performancekritische (Echtzeit-)Anwendungen, etc.

Trotz der inzwischen relativ hohen Sensibilisierung für Sicherheitsprobleme und oben genannter Konzepte für die Nutzerunterstützung wird oft kritisch hinterfragt, ob Nutzer denn tatsächlich dazu motiviert werden können, sich mit den Sicherheitsfragen und -problemen ihres Systems zu beschäftigen und eine Anzahl von Einstellungen vorzunehmen. Durch *Standardvorgaben* für möglichst viele Teilbereiche der Konfigurierung der Sicherheitsarchitektur kann dieses Problem zumindest verringert werden. Solche Standardvorgaben sind zum Beispiel sinnvoll für die Einstellungen von Mechanismendetails (Schlüssellängen, Rundenzahlen etc.), die Bewertung von Mechanismen nach dem Grad der erreichbaren Sicherheit und eine dementsprechende Ordnung als Präferenzliste. Aus Anwendungssicht kann bereits eine Auswahl der für die spezifische Anwendung geeigneten Sicherheitsmechanismen vorgegeben werden. Diese Aufgabe kann z. B. durch den Systemadministrator oder sogar den Anwendungsentwickler vorgenommen werden. Solche Standardvorgaben dienen auch als Grundlage zur *Automation* von Teilprozessen.

Ein sekundärer, jedoch trotzdem nicht zu vernachlässigender Aspekt der Nutzerunterstützung ist die *Verwaltung* von Konfigurationsdaten und Standardwerten. Es müssen nicht nur die Einstellungen des einzelnen Endbenutzers, sondern zum Teil auch die ausgehandelten Kommunikationsbasen gespeichert werden. Standardvorgaben sollten aufbewahrt werden, um das System auch nach möglichen Nutzermodifikationen wieder in den Ausgangszustand versetzen zu können.

Im folgenden werden auf der Basis unserer Erfahrungen Konzepte vorgestellt, die dazu beitragen, die am Entwicklungs- und Nutzungsprozess von Sicherheitsarchitekturen Beteiligten zu unterstützen.

4.2.1 Entwickler der Architektur und Sicherheitsexperten

Voraussetzung für die Entwicklung von Sicherheitsarchitekturen ist das Fachwissen zur Problematik von Sicherheitseigenschaften, -mechanismen und deren Integration in Anwendungen. Auf dieser Basis können Komponenten und Schnittstellen sowohl zur Umsetzung als auch Nutzung von Sicherheitsfunktionalität für Anwendungen implementiert werden.

Entwickler von Sicherheitsarchitekturen können mindestens die folgenden unterstützenden Konzepte für andere am Design- und Nutzungsprozess Beteiligte bereitstellen:

- ein API mit Sicherheitsfunktionalität (z. B. Kryptobibliotheken) für den Anwendungsentwickler,
- eine Benutzungsschnittstelle für Systemadministratoren bzw. Endbenutzer (Security Management Interface, SMI),
- ein Rahmenwerk zur Auswahl von Sicherheitsmechanismen nach Kriterien (wie etwa Performance, Kosten, Sicherheit) für Anwendungsentwickler, Systemadministratoren und Endbenutzer,
- Experteninformation als Grundlage für die Bewertung von Sicherheitsmechanismen für Anwendungsentwickler, Systemadministratoren und Endbenutzer (siehe z. B. Kapitel 4.1.1.2),
- Schnittstellen zu anderen (Sicherheits-)Diensten, z. B. Gateways und Verzeichnisdiensten,

– Vorgehensweisen und die notwendige Infrastruktur zur Einbindung neuer Sicherheitsmechanismen und Expertenbewertungen (inkl. von Aktualisierungen) für Anwendungsentwickler, Systemadministratoren und Endbenutzer.

4.2.2 Anwendungsentwickler

Der Anwendungsentwickler soll in der Lage sein, Anwendungsanforderungen an die Sicherheit für eine Anwendung bzw. ihre Aktionen zu formulieren. Das erleichtert dem Endbenutzer die Konfigurierung, da aus Sicht der Anwendung unsinnige Einstellungen bereits aus der Benutzungsschnittstelle ausgeblendet werden können. Insgesamt stehen in SSONET für die vier Schutzziele Vertraulichkeit, Anonymität, Integrität und Zurechenbarkeit fünf Abstufungen (unbedingt, möglichst, egal, notfalls, keinesfalls) zur Auswahl. Der Anwendungsentwickler hat die Möglichkeit, die Gewichtungen für Schutzziele durch die Angabe einer oberen und unteren Grenze dieses Raumes oder durch die Angabe eines Default-Wertes einzuschränken. Der eingeschränkte Auswahlraum ist eine nicht zurücknehmbare Vorschrift (mandatory security, siehe auch Kapitel 1); der Defaultwert ist ein durch den Endbenutzer überschreibbarer Vorschlag.

In SSONET nicht implementiert wurden Anwendungsanforderungen für Mechanismen oder mechanismenbezogene Aspekte wie z. B. Performance. Dies wäre aber zumindest für manche Anwendungen mit Echtzeitanforderungen wie zum Beispiel Videokonferenzen eine durchaus lohnenswerte Erweiterung (siehe auch Kapitel 4.1.1 und 4.1.3).

Anwendungsentwickler nutzen das von der Architektur bereitgestellte API zur Integration von Sicherheitsmechanismen (Kryptobibliotheken) auf abstrakter Ebene (siehe zum Beispiel [FMRS_94]). Dabei hat sich gezeigt, dass die Abstraktion vom Detail ein gutes Konzept ist: Wenn die Architektur die entsprechende Unterstützung bietet, braucht der Entwickler sich nicht um Details einzelner Mechanismen zu kümmern, sondern kann diese durch abstrakte Methodenaufrufe wie *crypt()* und *sign()* integrieren (siehe z. B. [BaBl_96] oder [PSWW_98]). Als eine höhere Abstraktionsstufe werden sogenannte Aktions- bzw. Schutzklassen, die die einfache Integration bereits kombinierter Schutzziele für bestimmte Anwendungsfälle ermöglichen, in [Wolf_98] diskutiert, für die wiederum Standardvorgaben gemacht werden sollten. Diese können als eine Bibliothek mit Beispielen für Anwendungs- und Ausnahmefälle für Sicherheitseigenschaften vorliegen.

Anwendungsentwickler haben nicht nur eine Sicht auf die zeitliche Abfolge der einzelnen Aktionen, sondern auch auf die Semantik der Aktionen im Anwendungszusammenhang und können deshalb die Gruppierung von Aktionen mit voraussichtlich gleichen Sicherheitsanforderungen vornehmen. Sie können sowohl Sicherheitsinteressen der einzelnen in einer Anwendung vorkommenden Rollen (über die vor der Kommunikation ausgehandelt wird) vorkonfigurieren als auch besonders sicherheitskritische bzw. –unkritische Aktionen identifizieren und dementsprechend eine Spezifikation sinnvoller oder weniger sinnvoller Sicherheitsanforderungen (z. B. für Aktion XY keine aufwendigen Anonymisierungsverfahren einsetzen) vornehmen.

Anwendungsentwickler sollten Werkzeuge zur Verfügung haben, um beispielsweise aus dem abstrakten, generischen SSONET-SMI eine konkret auf die Anwendung zugeschnittene Schnittstelle (entweder an das SSONET-SMI angelehnt oder komplett neu) zu bauen. Hierzu können z. B. abstrakte Beispiele für Ausnahmefälle (vgl. [Wolf_98]: einerseits allgemeingültige, wiederverwendbare attributierte Aktionsklassen, andererseits spezifische, anwendungsabhängige Ausnahmefälle) am konkreten Beispiel behandelt werden.

Anwendungsentwickler können wahrscheinlich nur über notwendige Schutzziele, aber nicht über Detaileinstellungen von Sicherheitsmechanismen Vorschriften machen. Aufgrund der Abstraktion sollten sie weder mit Details der Mechanismen (wie Schlüssellängen und Rundenzahlen), noch – im Sinne von flexiblen Sicherheitsarchitekturen – mit einem konkreten Mechanismus (z. B. RSA, DES) konfrontiert werden, also den Mechanismus nur von seiner äußeren Schnittstelle her sehen, um ihn zur Erreichung von Schutzzielen zu integrieren.

Problematisch für Anwendungsentwickler (und indirekt auch für Endbenutzer) ist die Prüfung zugesicherter Eigenschaften eines Programms. Für den Anwendungsentwickler ist die Problematik vor allem dann von Bedeutung, wenn er fremde Bibliotheken in seine Anwendung einbinden will. Ein Ansatz (neben den klassischen Verifikationsansätzen) zur Prüfung von Eigenschaften ist z. B. Programmcode, der einen formalen Beweis seiner Eigenschaften mit sich führt, sog. Proof Carrying Code, siehe [NeLe_97]. So kann der Anwendungsentwickler (und später zur Laufzeit auch der Endbenutzer) die Korrektheit des Programmcodes mit Hilfe eines Proofcheckers prüfen oder von einer Instanz seines Vertrauens prüfen lassen.

4.2.3 Systemadministratoren

Systemadministratoren definieren Sicherheitsanforderungen und konfigurieren Schutzziele und Sicherheitsmechanismen. Im Rahmen mehrseitiger Sicherheit ist das entweder in verschiedenen Abteilungen eines Unternehmens, die verschiedene Sicherheitspolitiken durchzusetzen haben, oder in verschiedenen Unternehmen, aus denen Einzelpersonen miteinander kommunizieren, denkbar. Beide Kommunikationspartner haben auf diese Weise Einstellungen gemäß ihrer Sicherheitspolitik vorliegen. Fraglich ist, inwiefern es überhaupt möglich ist, dass einer der beiden nachgibt, ohne seine Sicherheitspolitik zu verletzen.

Zur Konfigurierung nutzt der Systemadministrator das bereitgestellte SMI (Security Management Interface) und trifft Festlegungen für eine bestimmte Netzumgebung bzw. einen Organisationsbereich oder eine Anwendungsumgebung.

Die Vorkonfigurierung für mehrseitige Sicherheit durch Systemadministratoren kann folgende Ziele haben:

a1) Effizienzsteigerung der Aushandlung (solange der Endbenutzer Einstellungen des Systemadministrators korrigieren kann). Wenn Beteiligte Vorschläge vom gleichen Systemadministrator bekommen, kann ihre Aushandlung evtl. schneller zum Ergebnis kommen.

a2) Durchsetzung einer „mandatory policy". Der Systemadministrator trifft Einstellungen, die vom Endbenutzer nicht mehr überschrieben werden können.

Systemadministratoren können aber auch in der Rolle des

b) persönlichen Sicherheitsberaters von Endbenutzern gesehen werden. In diesem Falle handelt er ausschließlich im Interesse des Endbenutzers.

Ein Systemadministrator, der eine „mandatory policy“ (also Mussvorschriften) durchsetzen will, sollte zuerst Regeln zu Zugriffsrechten auf Daten, dann über Daten, die versendet werden dürfen, aufstellen. Erst auf der Basis dieser Regeln (und dem somit eingeschränkten Datenraum) ist es sinnvoll, Regeln zu den die Kommunikation sichernden Mechanismen festzulegen. In Sicherheitsarchitekturen, die – wie SSONET – weder Zugriffsrechte noch das Aufstellen von Regeln über versendbare und nichtversendbare Daten unterstützen, sollten demnach über die zu verwendenden Mechanismen keine Mussvorschriften aufgestellt werden. Der Systemadministrator sollte sich also auf die Funktionen, die keine Mussvorschriften aufstellen – a1) und b) – beschränken.

4.2.4 Endbenutzer: Laien und Sicherheitsexperten

Eine Frage, die bei Präsentationen der SSONET-Konfigurierungskonzepte immer wieder gestellt wurde, war: Nutzen Laien die Konfigurierungsmöglichkeiten überhaupt? Sind sie tatsächlich dazu in der Lage, benutzerdefinierte Einstellungen vorzunehmen, und entwickeln sie ein Interesse dafür?

Das Konzept der nutzerseitigen Konfigurierung zur Formulierung der Schutzziele setzt natürlich voraus, dass Endbenutzer mehr für die Sicherheitsproblematik sensibilisiert werden und dass das Sicherheitsbewusstsein wächst. Beschäftigt sich ein Mensch mit neuer Funktionalität, muss er *dazulernen*[11]. SSONET bietet zwei grundsätzliche Formen der Unterstützung für Laien: einerseits Informationen über Sicherheitsmechanismen (wie zum Beispiel ein Performancetest, Mechanismenrating, Online-Hilfen), andererseits Standardkonfigurationen für Nutzer, die nicht selbst Entscheidungen treffen können oder wollen (Standards für Grundkonfiguration, Anwendungskonfiguration, Plausibilitätstest).

Eine Methode zur Unterstützung von Nutzergruppen mit unterschiedlichem Fachwissen ist die Einführung von sogenannten *User levels*. Beispielsweise wird bei der Bedienung komplexerer Kameras ein Nutzermodus *simple* und *advanced* angewendet, wobei der simple-Modus Teile der Funktionalität der

[11] Auch im Umgang mit anderen technischen Geräten muß man durch Erfahrung lernen.

Kamera vor dem Nutzer verdeckt. Auch in [Oppe_94] werden zwei Nutzerstufen diskutiert und empfohlen. In SSONET ist das Problem der Unterstützung von Endbenutzern mit unterschiedlichem Fachwissen bewusst behandelt worden. Im Unterschied zu den zwei genannten Beispielen ist die Anzahl der Niveaustufen, die zwischen Laien und Expertenwissen unterscheiden, hier höher und hat fließende Übergänge. Für Laien wird z. B. von Mechanismendetails auf Mechanismen und danach auf Schutzziele abstrahiert, d. h. dass der Laiennutzer sich beispielsweise lediglich mit Schutzzielen beschäftigen kann, um sein System zu konfigurieren. Eine Designentscheidung in SSONET war, dass Konfigurierungsdetails, für die (tieferes) Expertenwissen notwendig ist, so für Laiennutzer zwar ausgeblendet werden, aber trotzdem zugänglich bleiben. Diese Funktionalität muss aber explizit als für Experten gedacht gekennzeichnet werden. Auf diese Weise kann ein Laiennutzer bei Kenntnisgewinn allmählich erweiterte Funktionalität benutzen und darüber selbst entscheiden.

Durch das Konzept der mehrseitigen Sicherheit wird eine Verringerung des Machtungleichgewichts möglich. Der Weg für Laien dorthin ist beschwerlich; um echten Einfluss nehmen zu können, müssen sie viel dazulernen. Sie müssen Schutzinteressen entwickeln und ein Mittel zur Durchsetzung ihrer Interessen in die Hand bekommen, das sie nach und nach kennen lernen und dessen Funktionalität sie verstehen und nutzen können. Dabei werden sie von Systemen wie der SSONET-Architektur unterstützt. Es ist klar, dass Nutzer nicht immer alle ihnen gebotenen Eingriffsmöglichkeiten nutzen werden. Aber mit SSONET wurde ein System geschaffen, das ihnen die Möglichkeit gibt, sich mit der Thematik „Sicherheit“ zu beschäftigen und dabei Wissen zu erwerben und Selbstbestimmung zu erlangen[12].

[12] Mehr Selbstbestimmung bedeutet nicht zwangsläufig höhere Sicherheit. Falls Nutzer überfordert sind und trotzdem von sinnvollen Standardeinstellungen abweichen, kann das eine Abschwächung ihrer Sicherheit bedeuten. Hinweise über Wirkungen von vorgenommenen Änderungen müssen interaktiv gegeben werden.

4.3 Aufgaben

Zu diesem Kapitel werden ihnen theoretische und praktische Aufgaben gestellt. Zur Ausführung der praktischen Aufgaben müssen Sie den SSONET-Demonstrator entsprechend der Anleitung in [Kapitel 12.2.1] installieren.

4-1 Kriterien für die Auswahl von Mechanismen

Was sind wichtige Kriterien, deren Ausprägung bei der Auswahl eines Sicherheitsmechanismus eine Rolle spielen können? Beziehen Sie in Ihre Überlegungen Aspekte des Mechanismus selbst, des Anwendungsumfelds, der Anwendung und des Kommunikationspartners mit ein.

4-2 Leistungsfähigkeit von Sicherheitsmechanismen

Was verstehen Sie unter Leistungsfähigkeit eines Sicherheitsmechanismus?

4-3 Zeitaufwand für Verschlüsselung und Entschlüsselung

Bei asymmetrischen Sicherheitsmechanismen (z. B. RSA) existieren Unterschiede zwischen dem jeweiligen Zeitaufwand für Ver- bzw. Entschlüsselung. Was bedeutet das für die (Grund-)Konfiguration?

4-4 Weshalb Schlüssel?

Kryptographische Systeme benutzen Schlüssel.

a) Ginge es auch ohne Schlüssel? Ggf. wie?

b) Was wären die Nachteile?

c) Was sind aus Ihrer Sicht also die Hauptvorteile der Benutzung von Schlüsseln?

4-5 Zwei Benutzungsoberflächen

Vergleichen Sie die Benutzungsoberflächen aus Kapitel 2 und die hier vorgestellte Anwendungskonfiguration (Abbildung 16)!

a) Welche Funktionalität bietet die erste Benutzungsoberfläche über die Anwendungskonfiguration hinaus?

b) Was müsste in der Grundkonfiguration geändert werden, um die Benutzungsoberfläche aus Kapitel 2 zu integrieren?

Starten Sie entsprechend der Anleitung im Anhang (Kapitel 12.2.1) die Grundkonfiguration eines Händlers (einen Katalog) oder des Kunden.

4-6 Grundkonfiguration: Auswahl der Mechanismen

Wählen Sie für die verschiedenen Schutzziele die zu verwendenden Mechanismen aus und ordnen Sie sie in die angegebene Reihenfolge. Benutzen Sie dazu die Schaltknöpfe →, ← bzw. ↑, ↓.

a) Wählen Sie für das Schutzziel Vertraulichkeit die Mechanismen Blowfish, DES3, CAST5 und IDEA aus. Ordnen Sie die Mechanismen in die folgende Reihenfolge: Blowfish, DES3, IDEA, CAST5.

b) Wählen Sie für das Schutzziel Zurechenbarkeit aus, dass Sie Signaturen mit den Mechanismen RSA und DSA in dieser Reihenfolge anerkennen. Wählen Sie weiterhin aus, dass Sie Signaturen mit der Präferenz DSA und RSA erstellen wollen. Konfigurieren Sie außerdem, dass sie vor dem Erstellen einer digitalen Signatur gefragt werden wollen.

c) Wählen Sie für das Schutzziel Integrität die Mechanismen wie in a) für Vertraulichkeit aus.

d) Wählen Sie für das Schutzziel Anonymität eine Mixkette aus, die aus den Mixen 2, 4, 6 und 7 in dieser Reihenfolge besteht.

4-7 Grundkonfiguration: Detailkonfiguration der Mechanismen

Wählen Sie entsprechend Aufgabe (4-6) für die verschiedenen Schutzziele die zu verwendenden Mechanismen aus. Konfigurieren Sie nun für bestimmte Mechanismen die Details wie Schlüssellängen, Modi, Rundenzahlen, Varianten oder Zertifikate (Auswahl des Mechanismus und benutzen der Schaltfläche [Konfiguration ändern]).

a) In der Liste für Vertraulichkeitsmechanismen: Erhöhen Sie für den Mechanismus Blowfish die Schlüssellänge und die Rundenzahl, damit Sie bessere Sicherheit erreichen. Informieren Sie sich über die

Auswirkungen der Detailkonfigurationen auf den kontextsensitiven Hilfeseiten.

b) In der Liste für Zurechenbarkeitsmechanismen: Wählen Sie für den Mechanismus RSA die Variante SHA-1. Erneuern Sie das Zertifikat und geben Sie ihm eine Gültigkeit von 1000 Tagen.

4-8 Leistungsfähigkeit der Mechanismen

a) Starten Sie das SSONET-System. Starten Sie die Grundkonfiguration (gk) und führen Sie einen Leistungstest der Sicherheitsmechanismen (Menüpunkt Einstellungen → Leistungstest) aus. Ermitteln Sie den schnellsten und den langsamsten Mechanismus.

b) Starten Sie zusätzlich weitere (CPU-intensive) Anwendungen, z. B. MS Word oder MP3-Player und führen Sie den Geschwindigkeitstest erneut aus. Welche Unterschiede stellen Sie fest?

c) Sie wollen möglichst den schnellsten Mechanismus benutzen. Ordnen Sie die ausgewählten Mechanismen für Vertraulichkeit, Integrität und Zurechenbarkeit in der Präferenzliste der Grundkonfiguration entsprechend den Ergebnissen des Leistungstests auf Ihrem Rechner.

4-9 Bewertung der Mechanismen

Ändern Sie die Wichtungen für

- Geschwindigkeit
- Sicherheit (der Implementierung)

Beobachten Sie, welche Auswirkungen die Änderungen auf die Bewertung der Mechanismen haben!

4-10 Anwendungskonfiguration: Katalog anfordern

Wählen Sie im Menüpunkt Einstellungen die Aktion Katalog anfordern aus, um ihre Schutzziele für diese Aktion zu konfigurieren.

a) Wählen Sie für die vier Schutzziele eine Gewichtung aus, die Ihrem Schutzinteresse entspricht. Empfehlenswert wäre hier Anonymität, keine Zurechenbarkeit, Integrität, Vertraulichkeit (bedingt, z. B. bei öffentlichem Katalog nicht unbedingt notwendig, bei persönlichem Angebot zu empfehlen (wobei dann Anonymität unrealistisch ist)).

b) Wählen Sie für jedes Schutzziel, ob Sie gefragt werden wollen, ob Sie bei bestehenden Konflikten in der Aushandlung nachgeben wollen (negotiable). Sie bekommen dann später ein Abfragefenster und können sich interaktiv entscheiden.

4-11 Anwendungskonfiguration: Bestellung aufgeben

Wählen Sie im Menüpunkt Einstellungen die Aktion Bestellung aufgeben aus, um ihre Schutzziele für diese Aktion zu konfigurieren.

a) Wählen Sie für die vier angebotenen Schutzziele eine Gewichtung aus, die Ihrem Schutzinteresse entspricht. Empfehlenswert wäre hier Vertraulichkeit und Integrität. Wenn Sie ein Pseudonym besitzen, können Sie sogar anonym und zurechenbar bestellen; sonst sind Sie darauf angewiesen, entweder nur anonym bzw. nur zurechenbar zu bestellen.

b) Wählen Sie für jedes Schutzziel, ob Sie gefragt werden wollen, ob Sie bei bestehenden Konflikten in der Aushandlung nachgeben wollen (negotiable). Sie bekommen dann später ein Abfragefenster und können sich interaktiv entscheiden.

5 Aushandlung

Mit Hilfe der in SSONET implementierten Aushandlung wird auf Grundlage der in der Konfigurierung ausgedrückten Schutzinteressen der Teilnehmer eine gemeinsame Basis von Schutzzielen und Sicherheitsmechanismen ermittelt.

Aus den jeweiligen Nutzereinstellungen werden nach zuvor definierten Regeln „ausrechenbare" Ergebnisse ermittelt. In den folgenden Kapiteln werden die wesentlichen Ergebnisse der Arbeit an Aushandlungskonzepten diskutiert; die grundsätzliche Vorgehensweise der Aushandlung in SSONET kann u. a. in [PSWW_98], [PSWW1_99] und [PSWW2_99] nachgelesen werden.

5.1 Anforderungen

5.1.1 Annahmen über Teilnehmer

5.1.1.1 Von Teilnehmern verfolgte Ziele

Um mehrseitig sichere Kommunikation zu ermöglichen, müssen sich die Partner auf eine von den Beteiligten akzeptierte gemeinsame Basis (Schutzziele und Mechanismen) einigen. Eine Ausnahme stellen unilateral erreichbare Schutzziele dar wie z. B. die Schaffung eines lokalen Vertrauensbereiches. Im allgemeinen wird es sich aber um bilateral wirkende Schutzziele handeln, die bei Aufeinandertreffen ausgehandelt werden sollen. Um heterogene Sicherheitsanforderungen möglichst gleichberechtigt abstimmen zu können, werden faire Aushandlungsprotokolle benötigt.

Es wird angenommen, dass alle Teilnehmer zur Aushandlung unter der Bedingung bereit sind, dass sie allein durch die Anwendung des Protokolls hierzu keine Nachteile erleiden, siehe auch [ZlRo_96].. Dies bedeutet, dass sie durch Nichtteilnahme am Aushandlungsprotokoll keine bessere Situation erreichen als durch Teilnahme (Intention zur gemeinsamen Anwendungskommunikation vorausgesetzt).

Das Aushandlungsprotokoll soll es den Teilnehmern ermöglichen, sowohl ihre Schutzziele (zu den einzelnen Schutzzielen siehe Kapitel 2.1) als auch deren Umsetzung durch geeignete leistungsfähige Kryptomechanismen weitgehend automatisch abzustimmen. Es wird angenommen, dass Teilnehmer jeweils individuelle Ziele verfolgen. Ein Ziel kann dabei bezogen auf den Partner gleich- oder entgegengerichtet sein.

5.1.1.2 Einigung auf geschützte Aushandlung

Die bisherigen Annahmen bezogen sich auf geschützte Anwendungskommunikation und ihre faire Aushandlung. Um zu erreichen, dass Kommunikationspartner durch Teilnahme an Aushandlung keine Nachteile gegenüber Nichtteilnahme erleiden, ist Schutz der Aushandlung bezüglich einiger grundlegender Schutzziele wie z. B. Integrität erforderlich. Es wird angenommen, dass dies alle Teilnehmer wollen. Für SSONET wird überdies angenommen, dass alle Teilnehmer den dazu von der Architektur für den Schutz der Aushandlung vorgesehenen (implementierten) Mechanismus akzeptieren. Falls dies nicht der Fall ist, muss im Zuge einer Metaaushandlung eine Einigung herbeigeführt werden, vgl. hierzu Kapitel 5.7.2.

5.1.2 Prinzip Wiederverwendbarkeit

Der Aufbau des Aushandlungsprotokolls soll sowohl einfach wie auch genügend abstrakt sein, um sich wiederholende Strukturen im Aushandlungsprozess bei anderen zu verhandelnden Inhalten erneut nutzen zu können. Dies wird durch die Phaseneinteilung und Modularisierung unterstützt. Zu diskutieren bleibt der Aufwand für Rekursion gegenüber einem flachen Ablauf.

Ein weiterer Aspekt bezieht sich auf die Wiederverwendbarkeit der übertragenen Aushandlungsinhalte und erreichten Ergebnisse. Inhalte können zusammengefasst (gemeinsame Phase für Schutzziel und dafür geeigneten Mechanismus) oder getrennt ausgehandelt werden (dies kann Vorteile haben, falls ein Mechanismus für mehrere Ziele geeignet ist). Ergebnisse (wie wird Anwendungsaktion für wen geschützt) können entweder sofort umgesetzt (und kontrolliert) werden oder für eine langfristige Verwendung vorgesehen werden (persistente Speicherung). Im Kontext von Rahmenverträgen erfordert letzteres einen hohen Verwaltungsaufwand und wurde bei SSONET nicht vorgesehen.

5.2 Beschreibung der Konzepte

Die Aushandlung in SSONET baut auf folgenden Voraussetzungen auf:

1. Es werden jeweils bilaterale Aktionen verhandelt, d. h. an einer Aushandlung sind nur zwei Partner beteiligt[13].

2. Jeder Teilnehmer hat seinen Gewichtungen für Schutzziele und seinen Präferenzen für Schutzmechanismen entsprechend Einstellungen getroffen. Aus ihnen werden Aushandlungsvorschläge generiert. Die Einstellungen befinden sich persistent in Dateien zur Grundkonfiguration (Mechanismen) und zur Anwendungskonfiguration (Schutzziele), vgl. Kapitel 4.1.1 und 4.1.1.1.

   Die Schutzziele sind dabei den vom Anwendungsprogrammierer definierten Aktionen der Anwendung (z. B. Geschäftsbeziehungs-Transaktionen) zugeordnet.

3. Eine Berücksichtigung des konkreten Partners und damit unterschiedliche Aushandlung trotz gleicher Einstellungen für alle potenziellen Partner ist möglich. Während die Einstellungen für Grund- und Anwendungskonfiguration zunächst partnerunabhängig sind und eine weitgehend automatische Aushandlung erlauben, können Abweichungen von den Einstellungen in der Anwendungskonfiguration, und zwar bei den Maximalforderungen *unbedingt* bzw. *keinesfalls* zugelassen werden (Einstellung verhandelbar zur interaktiven Entscheidung in Abhängigkeit vom konkreten Partner; siehe Kapitel 4.1.1.1).

4. Die Architektur implementiert eine Tendenz „pro Sicherheit“, die bei unentschiedenen Situationen zum Tragen kommt. Das wird im Kapitel 5.2.1.1 näher erläutert.

[13] Multilaterale Aushandlung wird in Kapitel 5.7.1 diskutiert.

5.2.1 Realisierung als zweistufige Aushandlung

Die Aushandlung kann als Dienst „Negotiation“ (Ng) verstanden werden, der durch SSONET bereitgestellt wird. Der Ablauf erfolgt in zwei Stufen. Die erste Stufe beinhaltet die Aushandlung der Schutzziele bezüglich einer auszuführenden Aktion der zu schützenden Applikation; eine zweite Stufe behandelt die Mechanismen zu deren Umsetzung. Dabei ist in der ersten Stufe eine einmal durchführbare Nachverhandlung möglich.

5.2.1.1 Entscheidungsmechanismus bei Aushandlung der Schutzziele

Mit den Aushandlungsvorschlägen werden zunächst nur die Gewichtungen (ohne eine eventuelle partnerbezogene Charakterisierung der Maximalforderungen) übertragen. Jeder empfangene Aushandlungsvorschlag wird mit dem eigenen Vorschlag über eine Entscheidungstabelle (Tabelle 12) verknüpft, so dass bis auf zwei Ausnahmen automatisch ein Ergebnis ermittelt werden kann.
Beispiel: Die in der Teleshopping-Anwendung des Kunden gewählte Konfiguration für Vertraulichkeit einer Bestellung ist *unbedingt*, die des Händlers für die entsprechende Aktion sei *keinesfalls*.

Falls *keine Einigung* erzielt wird, liegt ein Konflikt vor, der zu einer Interaktion mit eventueller Modifizierung der Maximalforderungen führt. Hier ist, abhängig von der Option *verhandelbar*, eine Rücksprache der Maschine mit dem Teilnehmer möglich, der sich unter Hinzuziehung eines weiteren Aspekts – Wissen über den Kommunikationspartner – noch einmal entscheiden kann: Beibehaltung der Maximalforderung oder Zugeständnis.

Eine Einigung auf eine *Vorgabe* der Architektur (Standardvorschlag) bedeutet, dass mitgelieferte Vorgaben Dritter wie der Anwendungsprogrammierer oder der Architektur (Tendenz „pro Sicherheit“) bzw. die Verfügbarkeit des Mechanismus den Ausschlag geben. Die SSONET-Architektur ist nicht gänzlich „unparteiisch“. Zur Auflösung von unentschiedenen Situationen dient die *Strategie „pro Sicherheit“*, die bei gleichgerichteten Schutzzielen (z. B. Vertraulichkeit) zu einer Tendenz in den Entscheidungen führt, wenn mittlere Gewichtungen von beiden Nutzern gewählt werden. Das bedeutet z. B. bei Aufeinandertreffen der Gewichtung *egal*, dass das Schutzziel bei beiderseitiger Verfügbarkeit eines entsprechenden Mechanismus durchgesetzt wird.

Schutzzielumsetzung bei Gewichtungen	keinesfalls	notfalls	egal	möglichst	unbedingt
keinesfalls	nein	nein	nein	nein	keine Einigung
notfalls	nein	nein	nein	ja	ja
egal	nein	nein	Vorgabe	ja	ja
möglichst	nein	ja	ja	ja	ja
unbedingt	keine Einigung	ja	ja	ja	ja

Tabelle 12: Entscheidungsmatrix

Eine Verfeinerung der Strategie „pro Sicherheit" unterscheidet die Bedeutung nach Schutzzielen: ob z. B. bei Zurechenbarkeit Sicherheit bedeutet, dass gerade *nicht* digital signiert wird, wenn es beiden Partnern egal ist. Dies ist z. Zt. nicht implementiert.

5.2.1.2 Entscheidungsmechanismus bei Aushandlung der Schutzmechanismen

Die Mechanismen sind in einer lokalen Präferenzliste geordnet. Alle Mechanismen sind der Architektur mit Namen bekannt. Die Aushandlung geschieht nun, indem sich beide ihre nach Präferenz geordneten Mechanismen mitteilen und anschließend jeweils lokal eine Schnittmengen- und Maximumbildung vornehmen. Bei Gleichstand mehrerer Mechanismen entscheidet die Präferenz der Architektur („pro Sicherheit"-Strategie). Diese muss also für alle Mechanismen eine streng monotone Ordnung vorgeben, die aber erst wirkt, falls die Nutzer mit ihrer monotonen Ordnung keine Lösung finden.

Beispiel: In der Teleshopping-Anwendung hat der Kunde für Vertraulichkeit den Schutzmechanismus RC4 präferiert. Findet sich dieser Mechanismus nicht in der entsprechenden Konfiguration des Händlers, konnten sie sich nicht auf die Umsetzung des Schutzziels Vertraulichkeit einigen. Falls der Kunde die Mechanismen *RSA, IDEA, RC4* in dieser Reihenfolge in seiner Präferenzliste hat und die entsprechende Liste beim Händler *RC4, RSA, IDEA, Blowfish* lautet, so einigen sich beide automatisch auf *RSA*.

5.2.2 Protokollablauf

Der Teilnehmer, der eine Anwendungsaktion (z. B. die erste einer Folge von aufeinanderfolgenden Geschäftstransaktionen einer Geschäftsbeziehung) ausführen möchte, wird zum Initiator der Aushandlung des Schutzes dieser Aktion. Dies ist von der Rolle des Teilnehmers in der jeweiligen Anwendung bestimmt.

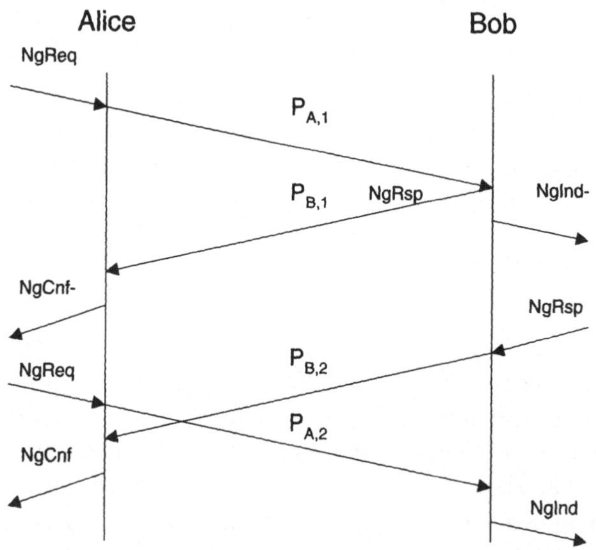

Abbildung 17: Beispielablauf für Schutzzielaushandlung mit Nachverhandlung

Auf Schutz der Aushandlungsnachrichten wird in Kapitel 5.3.2 eingegangen. Die Kommunikation wird vom Initiator der Aushandlung (hier sei es Alice A) begonnen, indem eine Aushandlungsanforderung an die Maschine übergeben wird, welche den Vorschlag $P_{A,1}$ an den Empfänger (hier Bob B) sendet, welcher auf Anforderungen wartet.

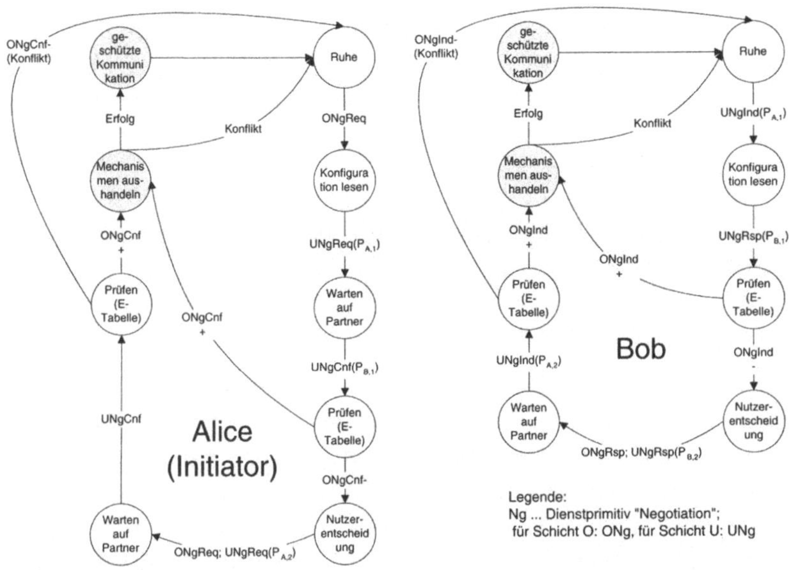

Abbildung 18: Zustandsübergangsdiagramm für Schutzzielaushandlung und Nachverhandlung

Bei eintreffenden Anforderungen sendet die Maschine den Vorschlag $P_{B,1}$ zurück, so dass beiden Seiten die ursprünglichen Vorschläge zur Verfügung stehen. Der Partnervorschlag wird geprüft, indem er mit dem eigenen verglichen und das Ergebnis einer Entscheidungsmatrix entnommen wird. Das Weg-Zeit-Diagramm zeigt den Fall der Nichtauflösbarkeit eines Widerspruches durch die Maschine beim ersten Austausch. Dies führt zu Nutzerinteraktion und einem einmaligen neuerlichen Übertragen von Vorschlägen. Im Nichterfolgsfall wird die Aushandlung hier beendet.

Bei Erfolg wird eine weitere Aushandlungsphase mit neuem, darauf aufbauendem Verhandlungsgegenstand (Schutzmechanismen) begonnen. Implementiert ist dies als Client-Server-Kommunikation, siehe dazu Kapitel 5.5. Nachfolgend wird ein Beispielablauf der Schutzzielaushandlung mit einer Nachverhandlung als Weg-Zeit-Diagramm (Abbildung 17) und ein Zustandsübergangsdiagramm (Abbildung 18) gezeigt.

Eine Alternative zum oben beschriebenen Protokoll wäre ein nicht den Informationsstand ausgleichendes Protokoll. Hierbei würde der Empfänger bereits prüfen können, ohne dass der Sender schon einen Partnervorschlag besitzt. Das verschafft dem Empfänger (Bob) einen Vorteil gegenüber Alice. Siehe dazu Kapitel 5.3.1.

5.3 Schutz und Datensparsamkeit durch komplexe Aushandlungsprotokolle

5.3.1 Datensparsamkeit und Gleichgewicht der Partner

Eine Methode des Datenschutzes ist Datensparsamkeit. Dazu gehört, dass eigene personenbezogene Daten nicht unnötigerweise preisgegeben werden. Für die Aushandlung müssen Kommunikationspartnern die eigenen Schutzinteressen übermittelt werden. In SSONET wurde diskutiert, inwiefern hierbei datensparsam vorgegangen werden kann. *Gegenüber Kommunikationspartnern* kann man im Aushandlungsprozess versuchen, Informationen über die eigenen Interessen zurückzuhalten, um nicht alle Interessen zu Beginn aufzudecken. Allerdings kann bei Vertragsverhandlungen nicht „vermieden" werden, eigene Interessen aktiv zu vertreten und zu offenbaren. Deshalb wird durch das teilweise Aufdecken der Schutzinteressen über den ganzen Aushandlungsprozess gesehen im ungünstigen Fall eine Verzögerung der Preisgabe der Informationen erreicht. Dies führt nicht zu mehr Datensparsamkeit, sondern allenfalls zu komplizierteren Protokollen und verlängerten Aushandlungszeiten, falls wegen des Zurückhaltens das Risiko besteht, dass die Vorschläge vorerst nicht zur Erreichung des gewünschten Ergebnisses führen.

Um keinen der Partner gegenüber anderen Partnern während der Aushandlung zu benachteiligen, wird „Gleichzeitigkeit" im Protokollablauf eingeführt. Um diese abzusichern, wurden ein Commitment-Schema und die konsistente Verteilung der Nachrichten diskutiert. So wird keinem der Partner ein Informationsvorsprung vor anderen gewährt, den er ausnutzen könnte. Siehe dazu auch Kapitel 5.6.1.

5.3.2 Schutz der Inhalte der Aushandlungsnachrichten

Die Aushandlung in SSONET wurde so konzipiert, dass ein gewöhnlicher Nutzer während des automatischen Teils der Aushandlung keine Informationen über die Einstellungen des Partners erhält, da der Abgleich der Einstellungen im System erfolgt[14]. Nur im Konfliktfall kann er ableiten, wo der Partner vollkommen gegensätzliche Wünsche hat. Die Ergebnisse der Aushandlungsschritte sind im Statusfenster der Architektur anzeigbar.

Schutz der Aushandlung *gegenüber Dritten* (z. B. durch einen in allen SSONET-Installationen vorhandenen Basis-Satz an kryptographischen Mechanismen) ist sinnvoll, da sonst Dritte die Aushandlung unbemerkt mitlesen oder sogar verfälschen können. Deshalb sollten die Ergebnisse der Aushandlung zum Abschluss u. a. digital signiert ausgetauscht werden.

Als gemeinsame Basis für die folgenden Schritte geschützter Aushandlung wird folgende **Ausgangssituation** zugrundegelegt:

- alle Teilnehmer haben einen gleichen Signiermechanismus zur Verfügung (hier DSA von Java als Teil des JDK)
- jeder Teilnehmer hat einen öffentlichen, von einem Trustcenter zertifizierten Testschlüssel (Trustcenter-Zertifikat[15]), der mit diesem Signiermechanismus arbeitet
- außerdem besitzt jeder Teilnehmer den Trustcenter-Testschlüssel, um das Zertifikat überprüfen zu können (der Testschlüssel arbeitet mit dem gleichen Signiermechanismus)
- alle Teilnehmer haben einen gleichen (asymmetrischen) Verschlüsselungsmechanismus (hier RSA) zur Verfügung

[14] Ein versierter Nutzer kann natürlich Wege finden, um sich die systeminternen Daten anzusehen.

[15] Ein Teilnehmer kann mehrere auf Pseudonyme ausgestellte Zertifikate besitzen. Ihre Anwendung ist auf Sicherung der Aushandlung eingeschränkt, solange die Teilnehmer nichts anderes erklären.

- dazu hat jeder seinen öffentlichen Chiffrierschlüssel generiert (und diesen mit dem eigenen DSA-Signierschlüssel signiert)

Diese Mechanismen und Schlüssel werden zum sicheren Sitzungsschlüssel-Austausch sowie zum Schutz der Aushandlung benötigt, sind also nicht zum Schutz der Anwendungskommunikation festgelegt. Für den Schutz der Aushandlung gegenüber Dritten wird folgendes Protokoll vorgeschlagen (Abbildung 19).

Die Aushandlungsschritte werden durch digitale Signaturen geschützt. Der zu nutzende Mechanismus X (hier DSA) könnte wiederum über Aushandlung (in einer Vorphase) bestimmt werden, siehe dazu 5.7.2.

Durch die übertragenen und mitsignierten Zufallszahlen wird die Aktualität sichergestellt und somit ein Replay-Angriff verhindert. Die Einbeziehung aller gesendeten Aushandlungsvorschläge in die Signatur schützt diese vor Verfälschung bzw. Ersetzung durch einen Angreifer. Entfernung würde als nicht protokollgemäß zum sofortigen Abbruch führen. Wenn ein Angreifer Signaturen nicht brechen kann, kann er einen sog. Man-in-the-Middle-Angriff nur erfolgreich ausführen, wenn er mit eigener digitaler Signatur und eigenem Zertifikat unerkannt bleiben könnte. Da er aber wenigstens die ausgehandelte Aktion ausführen möchte, ist diese seinem Zertifikat zurechenbar.

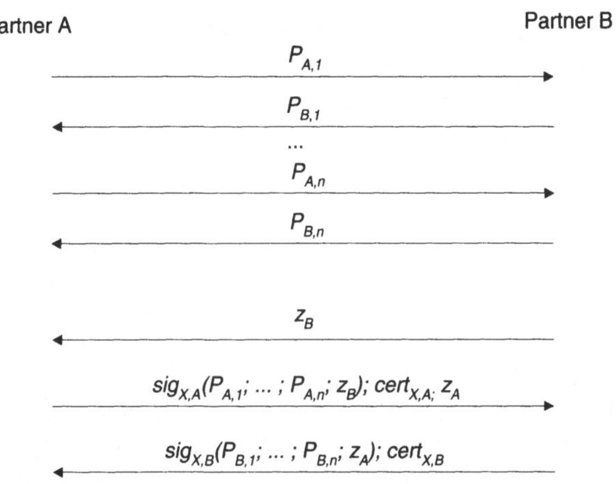

Legende (Indizes *A*, *B* kennzeichnen die Kommunikationspartner als Sender/Eigentümer):

$P_{A,i}$	i-ter Vorschlag (Aushandlungspaket)
z_A	Zufallszahl (Challenge)
$sig_{X,A}(m)$	digitale Signatur mit Mechanismus *X* zur Nachricht m
$cert_{X,A}$	zertifizierter Testschlüssel zum Mechanismus *X*

Abbildung 19: Schutz gegenüber Dritten

Außerdem gibt es zum Schutz der Anwendung für asymmetrische Mechanismen eigener Wahl selbst signierte öffentliche Schlüssel. Diese sind von den zur geschützten Aushandlung benötigten zu unterscheiden, müssen aber nicht notwendig verschieden sein.

5.4 Nutzerbezogener Umgang mit der Aushandlung

Ein Ziel in SSONET war, die Verhandlungen möglichst automatisch ablaufen zu lassen, um den Teilnehmern wenig interaktive Entscheidungen abzuverlangen. Dies wurde durch Kombination der folgenden Mittel erreicht: Einerseits wurde der Auswahlraum und die Strategie des Abgleichs so gestaltet, dass keine unnötigen Konfliktfälle auftreten. Andererseits besteht eine *Wechselwirkung zwischen vorab geleisteter Konfigurierungsarbeit und au-*

tomatischer Aushandlung: Je mehr Parameter der Aushandlung bereits vorher konfiguriert wurden, desto weniger muss der Endbenutzer mit interaktiven Abfragen während der Aushandlung belästigt werden. Es ist also sinnvoll, den Teilnehmern im Vorfeld Konfigurierungsarbeit für eventuell eintretende Sonderfälle abzuverlangen. Manche Aspekte wie zum Beispiel partnerbezogene Entscheidungen sind jedoch nicht einfach vorab entscheidbar. In solchen Fällen lässt sich eine Interaktion zur Aushandlungszeit nicht vermeiden (es sei denn, man kann Wünsche bezüglich aller potenziellen Kommunikationspartner vorher abfragen). In SSONET werden partnerbezogene Entscheidungen auf Schutzzielebene ermöglicht, indem der Endbenutzer für eine Aktion konfigurieren kann, ob ein Schutzziel partnerspezifisch verhandelbar ist. Aufgrund dieser Voreinstellung wird er dann im Konfliktfall während der Aushandlung gefragt, ob er mit diesem Partner von seiner Einstellung abweichen möchte.

Eine weitere interessante Fragestellung ist, ob die *Wiederverwendung* einmal ausgehandelter Verbindungskonfigurationen möglich ist und sogar Effizienzverbesserungen mit sich bringt. Hier ist also die Geltungsdauer von Aushandlungsergebnissen von Interesse. In SSONET werden Aushandlungsergebnisse (Verbindungskonfigurationen) nicht abgespeichert, sondern direkt nach der ihnen entsprechenden Sicherung der Kommunikation, d. h. beim Schließen des Streams, „vergessen". Es wäre denkbar, dass bei Verbindungsaufbau zuerst getestet wird, ob für diese Aktion mit diesem Kommunikationspartner bereits eine erfolgreiche Aushandlung durchgeführt wurde. Ist dies der Fall, bleibt zu klären, ob deren Ergebnis aus Sicht beider Teilnehmer noch gültig ist. Das heißt, dass Aushandlungsergebnisse maximal so lange gespeichert werden müssten, bis einer der Teilnehmer sie ändern will, und minimal so lange, wie es sich beide Menschen merken. Offen und Gegenstand weiterer Arbeiten ist, ob nachfolgende Aushandlungen auf der Basis von gespeicherten Verbindungskonfigurationen optimiert werden können. Organisiert werden könnte die Abspeicherung der Verbindungskonfigurationen am besten in einer Art Adressbuch, wobei wieder zwei Varianten realisierbar wären: entweder ein primär anwendungsbezogenes und sekundär personenbezogenes Adressregister oder genau umgekehrt. Entscheidend ist hier die anwendbare Konkretisierung, d. h. ob anwendungs- oder partnerbezogen mehr Ausnahmen gemacht werden.

5.5 Implementierung

Der Initiator der Anwendungsaktion und damit der Aushandlung kommuniziert als Client, sein Partner als Server. Für die Aushandlung sind folgende Klassenaufrufe auf Client- bzw. Serverseite relevant:

1. *ApplicationConfiguration.ConfigureAction(...)*
2. *SSONETClientConnection.SSONETConnection(...)*
3. *SSONETClientConnection.connect(...)*

bzw.

1. *ApplicationConfiguration.ConfigureAction(...)*
2. *SSONETServerConnection.SSONETConnection(...)*
3. *SSONETServerConnection.accept(...)*

ApplicationConfiguration.ConfigureAction

Ruft den Konstruktor von AK auf, welcher einen neuen Anwendungskonfigurationsdialog erzeugt, der wiederum einfach nur die vorhandenen Daten einliest oder die ihm übergebenen Standardwerte (die damit im Prinzip die entwicklerseitigen Anwendungsanforderungen darstellen) verwendet. Die getroffenen Einstellungen werden dann abgespeichert und stehen für die Aushandlung zur Verfügung. Dieser Aufruf ist optional, wenn er nicht erfolgt, werden Standardwerte („egal" für alle Schutzziele) verwendet.

SSONETClientConnection bzw. SSONETServerConnection

Im Konstruktor werden die eigenen Gewichtungen für die 4 Schutzziele gelesen:

BaseConfiguration.getPrefList(SSONETConstants.CONFIDENTIALITY);

Weiterhin wird die Geschäftstransaktionskonfiguration mit

ownConfig=ApplicationConfiguration.getActionConfiguration(appname,id);

gelesen. Damit ist der Konstruktor abgeschlossen.

SSONETClientConnection.accept() bzw. SSONETServerConnection.-accept()

Mittels dieser Methode erfolgt der eigentliche Verbindungsaufbau. Sie bedient sich der Funktionen von *smi.gk.GK* und *ssonet.SSONETNegotiate*. Wie bei Client/Server-Konzepten üblich, gehen alle Aktionen vom Client aus, und der (mit *SSONETServerConnection* erzeugte) Server reagiert nur. *SSONETConnection.accept()* liefert bei erfolgreicher Aushandlung einen *SSONETStream*, im Fehlerfall wird eine Exception ausgelöst. In den folgenden Kapiteln wird der Ablauf näher erläutert.

5.5.1 Aushandlung der Schutzziele und Schutzmechanismen

Der Ablauf ist folgendermaßen:

1. Erzeugung einer Socketverbindung mit den aus dem Konstruktor bekannten Daten.
2. Senden der eigenen Schutzziele (Aktionskonfiguration) mittels *ApplicationConfiguration.toStream(...)*.
3. Empfangen der Schutzziele des Partners mit *ApplicationConfiguration.fromStream(...)*.
4. Nach Empfang der Antwort erfolgt ein Aufruf von *SSONETNegotiate.-negotiate(...)* mit den beiden Konfigurationen als Parameter. Diese Funktion testet, ob die Nachverhandlungsoptionen berücksichtigt werden müssen und modifiziert die eigene Aktionskonfiguration, wenn nötig. Der SSONETServer führt diese Operation ebenfalls durch.
5. Wiederholung der Schritte 2 und 3 mit der angepassten Aktionskonfiguration.
6. Nach Empfang der Antwort Aufruf von *SSONETNegotiate.negotiate-Phase2(...)* mit den beiden modifizierten Konfigurationen sowie einer Instanz von *Settings* als Parameter. Rückgabewert ist entweder OK, oder eine Meldung, bei welchem Schutzziel ein Konflikt aufgetreten ist. Bei OK wird außerdem das übergebene Settings-Objekt mit den ausgehandelten Werten (d. h. den vereinbarten Schutzzielen) belegt.

7. Erzeugen des *ConfigurationPhase2*-Objekts *ownConf2* mit den unter 6 ermittelten *Settings*.
8. Entsprechend den zu verfolgenden Schutzzielen werden nun die Detailkonfigurationen festgelegt. Diese werden für die in den Präferenzlisten vorhandenen (im Konstruktor angelegten) Mechanismen mittels *BaseConfiguration.getMechanismConfiguration(..)* ermittelt und in *ownConf2* eingetragen (mit *setZurechenbarkeit(...),setVetraulichkeit(...)* etc.).
9. Austausch der in 8 zusammengefügten Objekte.
10. Aufruf von *SSONETNegotiate.negotiatePhaseThree(...)*, das einen Stream zurückliefert, in den die entsprechenden Mechanismen „eingeschleift" sind.

Die Klasse *SSONETServerConnection* arbeitet vom Prinzip her genauso, nur reagiert sie auf die Anforderungen des Clients.

5.5.2 Schlüsselaustausch für ausgehandelte Schutzmechanismen

Innerhalb von *SSONETNegotiate* erfolgt der gegenseitige Austausch von DSA-Testschlüsseln der Partner (Trustcenter-Zertifikate) für den Sitzungsschlüsselaustausch. Dies realisiert der Konstruktor *KeyExchange(..., X509Cert ownTestCertificate, X509Cert ownCipherCertificate, PublicKey trustCenterTestKey, ...)*. Im einzelnen geschieht das in folgender Reihenfolge:

Zunächst erfolgt die Aushandlung der Mechanismen zu Vertraulichkeit; falls ein gemeinsamer Mechanismus gefunden wird, erfolgt für diesen der **Sitzungsschlüssel-Austausch**. Auf die gleiche Weise werden anschließend die Mechanismen zu Zurechenbarkeit und Integrität ausgehandelt und jeweils Sitzungsschlüssel ausgetauscht, falls ein gemeinsamer Mechanismus gefunden wird. Im Detail geschieht der Austausch abhängig von der Art des Schutzmechanismus.

Sitzungsschlüssel-Austausch für asymmetrische Mechanismen

Für asymmetrische Schutzmechanismen (für Vertraulichkeit und Zurechenbarkeit) gestaltet sich der Austausch einfach:

- gegenseitiger Austausch der selbstsignierten öffentlichen Schlüssel und
- Test des eben erhaltenen Partnerschlüssels mit Partner-Testschlüssel (Trustcenter-Zertifikat).

Der Austausch der öffentlichen Schlüssel erfolgt durch *getPartnerMechanismKey*. Ein Aufruf sieht wie folgt aus: *publicKey = keyExchange.getPartnerMechanismKey(mechanismCertificate)* und erfolgt in den SSONET-Klassen für die asymmetrischen Mechanismen wie RSA, DSA und ElGamal, z. B. *smi.mechanisms.accountability.ElGamal.*

Sitzungsschlüssel-Austausch für symmetrische Mechanismen

Etwas aufwendiger ist das Austauschprotokoll für symmetrische Schlüssel implementiert:

- Der Server erzeugt eine Zufallszahl (challenge).
- Der Server schickt diese Zufallszahl und den selbstsignierten öffentlichen Chiffrierschlüssel (RSA) an den Client.
- Der Client testet den empfangenen Schlüssel mit dem Partner-Testschlüssel.
- Der Client generiert einen Sitzungsschlüssel für den ausgehandelten symmetrischen Mechanismus (z. B. 3DES).
- Der Client signiert (mit DSA) challenge und Sitzungsschlüssel.
- Der Client verschlüsselt die eben erzeugte digitale Signatur und den Sitzungsschlüssel gemeinsam (mit dem öffentlichen RSA-Schlüssel des Servers) und sendet dies an den Server.
- Der Server entschlüsselt und erhält den symmetrischen Sitzungsschlüssel und als response die signierte Zufallszahl (challenge).
- Der Server testet die erhaltene response (auf Gleichheit der Zufallszahlen).

Für den geschilderten Austausch symmetrischer Schlüssel sorgt *getSessionKey*. Der Aufruf *Key sessionKey = keyExchange.getSessionKey(mechanismName)* erfolgt in den Klassen *smi.mechanisms.AbstractConfidentialityMechanism* und *smi.mechanisms.AbstractIntegrityMechanism.*

5.5.3 Gesicherte Übertragung der Aushandlungsnachrichten

Das in Kapitel 5.3.2 vorgeschlagene Protokoll zur integren und zurechenbaren Übertragung von Aushandlungsnachrichten kann die für den Austausch symmetrischer Schlüssel beschriebenen Primitive und den Ablauf ebenfalls nutzen. Dabei tritt nur anstelle des Sitzungsschlüssels die zu schützende Aushandlungsnachricht. Signieren, Austausch und Testen des Ergebnisses können analog erfolgen, wobei wieder auf die DSA-Zertifikate zurückgegriffen wird.

Um hier jedoch effizient zu bleiben (mehrfaches Signieren zu vermeiden), wird ein optimistischer Ablauf der Aushandlung inklusive Schlüsselaustausch vorgeschlagen. Dazu sollten die eigenen Vorschläge temporär gespeichert werden, um sie später gesammelt zu signieren. Außerdem ist zu überlegen, ob z. B. diese zusätzliche Signatur eingespart werden kann, indem die beim Schlüsselaustausch vorkommenden Signaturen (für jeden symmetrischen Schlüssel) mit der Signatur unter Aushandlungsnachrichten kombiniert werden. Dazu könnten die digitalen Signaturen des Clients unter die Sitzungsschlüssel und die challenges beim Schlüsselaustausch zunächst weggelassen werden. Stattdessen könnten alle gesendeten Nachrichten (wie Gewichtungen für Schutzziele, Präferenzen für Schutzmechanismen, Sitzungsschlüssel und challenges) am Schluss von *SSONETNegotiate* gemeinsam digital signiert werden. Diese Signatur wird zusätzlich übertragen.

Wird außerdem (wie beim symmetrischen Schlüsselaustausch) mit RSA verschlüsselt, so ist auch die Vertraulichkeit der Aushandlungsnachrichten gewährleistet. Zur Diskussion der Vorgabe von Schutzmechanismen (DSA, RSA) siehe Kapitel 5.7.2. Die hier skizzierte Variante der gesicherten Übertragung wurde noch nicht in den SSONET-Demonstrator integriert.

5.6 Validierung

5.6.1 Erreichte Fairness

Die gewählte Implementierung der Aushandlung sorgt durch die Quasi-Gleichzeitigkeit der Vorlage von Aushandlungsvorschlägen für ein Gleichgewicht bezogen auf den Informationsstand der Teilnehmer (Symmetrie). Dies ermöglicht eine konsistente Berechnung eines (Zwischen-) Ergebnisses in jeder Runde.

Dennoch sind die Partner in der Lage, sich eine geeignete Strategie zur Wahl ihrer Gewichtungen bzw. Präferenzen zu überlegen, die die Durchsetzung ihres Ziels fördert. Eine Beobachtung hierzu ist, dass Partner datensparsam vorgehen können, d. h. unter möglichst minimaler Aufdeckung ihrer tatsächlichen Wünsche ein geeignetes Aushandlungsergebnis herbeizuführen. Hierbei ist jedoch das Risiko eines Scheiterns der Aushandlung einzubeziehen. Anstatt des wahren Werts, den Teilnehmer einer geschützten Anwendungsaktion beimessen, könnten sie diesen Wert bewusst niedriger ansetzen. Damit würden sie dem Partner mit einem Scheitern der Kommunikation drohen und ihn zu Zugeständnissen veranlassen (beispielsweise in der Nachverhandlungsrunde). Das Wissen um dieses Verhalten kann jedoch in die Gleichgewichtsbetrachtung einbezogen werden: Der Einigungsmechanismus geht davon aus, dass nur Gewichtungen bzw. Präferenzen von den Nutzern vorgeschlagen werden, die minimale Zugeständnisse beinhalten, d. h. die bei möglichst geringem Risiko zum gewünschten Ergebnis führen würden (und nicht unbedingt die wahre Präferenz repräsentieren).

Dass erklärte und wahre Gewichtung nicht übereinstimmen müssen, kann jedoch zu einem ineffizienten Aushandlungsmechanismus führen, wenn das Risiko des Scheiterns nicht geeignet berücksichtigt wird. Partner könnten viele Runden lang „pokern“. Um dies zu verhindern, ist von vornherein nur eine Nachverhandlung zugelassen. Es gibt also nur eine Chance, einen erkannten Konflikt auszuräumen, ohne die Aushandlung neu zu initialisieren.

5.6.2 Erreichter Schutz

Für Anwendungen kann mit SSONET starker Schutz erreicht werden. Für die je nach Schutzziel und Anwendungsaktion konfigurierten kryptographischen Schutzmechanismen findet ein gegen beobachtende bzw. verändernde Angriffe sicherer Schlüsselaustausch statt. Die von SSONET ausgeführten Operationen sind jedoch nur so sicher, wie die lokale Umgebung (z. B. Betriebssystem und Hardware) sicher ist. Für die Aushandlung wurden sichere Protokolle vorgeschlagen, die Schutz gegenüber Dritten und gegenüber Kommunikationspartnern durch Integrität und Zurechenbarkeit zu Pseudonymen bieten. Die Protokolle wurden im Demonstrator implementiert, dabei wurde jedoch die kryptographische Absicherung noch nicht in jedem Fall implementiert. So wird das Gleichgewicht und die konsistente Verteilung zwischen den Partnern beim Austausch von Aushandlungsinformationen z. Zt. ohne kryptographischen Schutz erreicht. Die Einbeziehung wird z. Zt. insbesondere im Zusammenhang mit Mehrparteien-Aushandlung diskutiert. Für Zweiparteien-Aushandlung stand hier zunächst die effiziente gegenüber der gesicherten Einigung auf gesicherte Aktionen im Vordergrund. Siehe dazu auch Kapitel 5.7.1.

5.6.3 Leistung der Aushandlung

An der Java-Implementierung wurden Leistungsmessungen vorgenommen, die verschiedene typische Situationen berücksichtigen. Folgende Rechnerarchitektur kam zum Einsatz:

1. Rechner: AMD K6 233MHz, 64MByte RAM, Windows NT, Java-VM

2. Rechner: Pentium Pro 200MHz, 64Mbyte RAM,Windows 95, Java-VM

3. Netz: 10 Mbit/s Ethernet,

Paketantwortzeiten (Ping) innerhalb Subnetz bei 4096 Bit von 10 ms, über mit LAN-Technologie verbundene Subnetze bei 4096 Bit von 20 ms.
Verschiedene Szenarien wurden getestet:

1) Für Aushandlung der Schutzziele: Die Konfiguration der Schutzziele (Anwendungskonfiguration) wurde einmal so vorgenommen, dass keine Mechanismen verwendet werden müssen, d. h. alle Schutzziele *keines-*

falls (Fall 1a) und ein zweites Mal so, dass zu jedem Schutzziel ein Mechanismus verwendet werden muss, d. h. alle Schutzziele *unbedingt* (alle Schutzziele verlangen Mechanismus – Fall 1b).

2) Für Aushandlung der Mechanismen: Die Konfiguration der Mechanismen (Grundkonfiguration) erfolgte einmal so, dass beide Partner den gleichen und den schnellsten aller Mechanismen am höchsten priorisiert haben. Dies sind für Vertraulichkeit *Blowfish, OFB-Modus*, für Zurechenbarkeit *DSA* und für Integrität *RC2, CBC-Modus*. (Partner voll übereinstimmend – Fall 2a). Ein andermal wurde so konfiguriert, dass nur der Mechanismus mit der jeweils letzten Priorität übereinstimmt und überdies der langsamste Kryptomechanismus ist. Dies sind für Vertraulichkeit *RSA*, für Zurechenbarkeit *ElGamal mit SHA-1* und für Integrität *Speed,OFB-Modus*. (Partner schwach übereinstimmend – Fall 2b).

3) Für gesicherte Kommunikation: verschiedene *Nachrichtenlängen* (1Byte, 1kByte).

Die Tabelle 13 zeigt Messergebnisse für die Dauer des Aufbaus und der Durchführung von durch Kryptomechanismeneinsatz gesicherter Kommunikation (Anwendungsaktion). Darin enthalten sind Zeiten für Instanziierung von Klassen und Verbindungsaufbau, Aushandlung, ggf. Nutzerinteraktion und gesicherte Kommunikation. Die Gesamtdauer umfasst mit den ausgehandelten Mechanismen gesicherte Kommunikation für 3000 bzw. 30 aufeinanderfolgende Nachrichten.

Sobald in der Anwendungskonfiguration Schutzziele für ihre Umsetzung Mechanismen verlangen, steigen sowohl die Dauer der Aushandlung als auch die benötigte Zeit für eine Nachricht stark an. Dies ist darauf zurückzuführen, dass sämtliche benötigten Mechanismenklassen instanziiert und Nachrichten mit dem je Schutzziel geforderten Mechanismus bearbeitet werden müssen. Bei den Versuchen einigten sich die Partner im Fall schwach übereinstimmender Grundkonfiguration z. B. beim Schutzziel Vertraulichkeit auf den Mechanismus RSA mit 4096 Bit Schlüssellänge. Dieser wurde von beiden aufgrund des niedrigen Durchsatzes gering priorisiert, war aber der einzige übereinstimmende.

1) Anwendungskonfiguration	a) kein Schutzziel verlangt Mechanismus		b) alle Schutzziele verlangen Mechanismus			
2) Grundkonfiguration	-		a) Partner voll übereinstimmend		b) Partner schwach übereinstimmend	
3) Nachrichtengröße	1 Byte	1 kByte	1 Byte	1 kByte	1 Byte	1 kByte
Anzahl der gesendeten Nachrichten	3000	3000	30	30	30	30
Gesamtdauer mit Interaktion [s]	22,61	23,57	23,79	36,23	52,49	94,07
Interaktion [s]	5,47	4,36	2,71	5,56	3,48	4,07
Aushandlung und Instanziierung [s]	4,37		8,43		9,32	
Mittelwert ab 2.Nachricht [s]	<0,01	<0,01	0,11	0,28	0,56	1,25
Maximum ab 2.Nachricht [s]	0,06	0,07	0,19	0,52	0,79	1,42
Minimum ab 2.Nachricht [s]	<0,01	<0,01	0,08	0,21	0,48	1,11

Tabelle 13: Dauer der Aushandlung und der gesicherten Aktion (Mittelwerte über drei Versuche, Kommunikation über mehrere Subnetze hinweg)

Die gemessenen Zeiten für die jeweils erste Nachricht sind sehr indeterministisch und liegen deutlich höher als die Zeiten für folgende Nachrichten, da zunächst Klassen instanziiert werden. Es zeigt sich, dass für die lokal auszuführenden Aktivitäten (Laden der Java-Klassen, Interpretieren) relativ gesehen wesentlich mehr Zeit benötigt wird als für die eigentliche Übertragung und auch mehr Zeit als für die Sicherung mit Hilfe der Kryptomechanismen bei relativ kurzen Nachrichten. Der hier festgestellte Optimierungsbedarf führte dazu, dass eine Vorinstanziierung aller Mechanismen eingeführt wurde, so dass die benötigte Zeit in der Phase der Schutzmechanismenaushandlung deutlich gesenkt wird. Bemerkenswert ist noch der Einfluss des JIT (Just-in-Time)-Compilers von JAVA. Für die dargestellte Messung wurde er nicht ausgeschaltet. Dabei ergibt sich eine größere Streuung der Aushandlungszeiten, dafür wird der Durchsatz für geschützte Nachrichten etwas besser.

5.7 Offene Forschungsfragen zur Aushandlung

5.7.1 Verallgemeinerung der Aushandlung auf mehr als zwei Teilnehmer

Die SSONET-Aushandlung bietet Lösungen für die Verhandlung der Schutzinteressen zweier Kommunikationspartner. Diese Einschränkung war zunächst auch realistisch, da viele Kommunikationsschritte in Anwendungen genau zwei Teilnehmer betreffen. Durch die so reduzierte Komplexität konnte konzentrierte Arbeit an den grundlegenden Aushandlungsmechanismen geleistet werden. Für ein weiterführende Arbeiten, die auch Lösungen für komplexere Anwendungen z. B. mit Multicast-Mechanismen erarbeitet, muss es aber ein Ziel sein, Verhandlungsprotokolle wie die aus SSONET auf mehr als zwei Teilnehmer zu verallgemeinern und die Auswirkungen auf organisatorische Rahmenbedingungen zu analysieren. Hier ist insbesondere der Schutz der Aushandlungspartner bezogen auf Informationsgleichgewicht und konsistente Nachrichtenverteilung zu beachten. Weiterhin sind auch die Wechselwirkungen *einer tri- oder multilateralen Aushandlung* mit der Konfigurierung (Kapitel 4) und den Sicherheitsgateways (Kapitel 6) zu diskutieren.

5.7.2 Einbeziehung weiterer Parameter (Protokolle, Verfügbarkeit)

In SSONET wurden eine Reihe von Annahmen über Teilnehmer getroffen, die zwar eine relativ unkomplizierte Nutzung der Sicherheitsarchitektur ermöglichen, aber nicht allen Situationen gerecht werden. So wird vorausgesetzt, dass Teilnehmer die fest implementierten Schutzmechanismen, z. B. für Schlüsselaustausch, für sicher genug halten. Die Konfigurations- und Aushandlungsmöglichkeiten erstrecken sich derzeit nur auf die zu schützende Anwendungskommunikation, nicht jedoch auf die vorgelagerte Aushandlung selbst. Das Protokoll selbst könnte jedoch soweit von den Teilnehmern parametrisiert werden, dass präferierte Kryptomechanismen der Teilnehmer verwendet werden (optimistisch) und nur im Misserfolgsfall auf die vorgegebenen Standardmechanismen zurückgegriffen wird.

Phase	Gegenstand der Aushandlungsphase	Wie erfolgt Einigung zwischen Partnern?	Schutzziele für Protokollphase (Beispiele)	Wie erfolgt Schutz der Phase? (Beispiele)
Festlegung/Aushandlung eines gemeinsamen Ur-Protokolls (Meta-Aushandlung)				
Einigung auf Ziele	Schutz der folgenden Aushandlung	Feste Vorgabe, Softwarelebenszyklus	Einhalten der Spezifikation, keine verborgene Zusatzfunktionalität	Veröffentlichung (Prüfung, Zertifizierung) des Protokolls und der Implementierung
Einigung auf Mittel	Schutzmechanismen	Feste Vorgabe und/oder aushandeln	Zurechenbarkeit	Digitale Signatur
Aushandlung (anwendungsbezogen)				
Einigung auf Ziele	Schutzziele für Anwendung	aushandeln	Zurechenbarkeit, außerdem Vertraulichkeit abhängig von der Semantik des Aushandlungsgegenstands	Digitale Signatur Verschlüsselung
Einigung auf Mittel	Schutzmechanismen	aushandeln	Zurechenbarkeit, außerdem Vertraulichkeit abhängig von der Semantik des Aushandlungsgegenstands	Digitale Signatur Verschlüsselung

Tabelle 14: Protokollphasen

Eine andere Art der Erweiterung besteht in der Einführung verhandelbarer Parameter, die sich auf das Umfeld der Anwendungskommunikation beziehen. Ein Beispiel ist die Aushandlung von Mechanismen zum Schutzziel Verfügbarkeit (diese wurde bisher als gegeben betrachtet). Die Durchsetzung eventueller Aushandlungsergebnisse (z. B. Erhöhung der Verfügbarkeit durch Medienwechsel) sprengt hier den Rahmen der SSONET-Architektur. Ein weiteres Beispiel besteht in der Aushandlung von gemeinsam akzeptierten Parametern für Zertifizierungsinfrastrukturen (Beispiel „Web of Trust“ von PGP oder Hierarchie; welche Trustcenter werden anerkannt etc.).

Die Tabelle 14 zeigt eine am Gegenstand der Aushandlung orientierte Phaseneinteilung und Beispiele für Schutzziele und -mechanismen, die in der jeweiligen Phase parametrisiert sein können.

Beim Start (z. B. Ausführung des Ur-Protokolls) sind das Monotonieverhalten und Wechselwirkungen verschiedener Schutzziele bereits zu berücksichtigen, vgl. Kapitel 2.1.5.

Beispiele: Wird mit einer vertraulichen Aushandlung gestartet, kann beispielsweise über Steganographie bei der Anwendungskommunikation verhandelt werden, sonst nicht. Über Vertraulichkeit der nachfolgenden Anwendungskommunikation kann offen verhandelt werden, dies sollte jedoch integer geschehen. Zu Personen zurechenbare Aushandlung verhindert nachfolgende Anonymität der Partner voreinander (ungewollte Verkettung).

5.8 Aufgaben

5-1 Einfaches Aushandlungsprotokoll

Entwickeln Sie ein einfaches Aushandlungsprotokoll für die Situation, dass Alice und Bob E-Mails austauschen und Alice verschlüsselt, Bob aber unverschlüsselt kommunizieren möchte.

5-2 Auswirkung verschiedener Interessen

Ein Kunde möchte bei einem Händler Ware bestellen und dabei nicht zurechenbar sein. Der Händler fordert die Zurechenbarkeit des Kunden und wird nur unter dieser Bedingung seine Ware versenden.

a) Welche Vorteile hat der Kunde dadurch, dass er nicht zurechenbar ist?

b) Wie kann das Ergebnis einer Aushandlung aussehen?

5-3 Gewichtung von Schutzzielen: Warum mehr als zwei Stufen?

Stellen Sie sich zwei Kommunikationspartner vor. Einer von beiden (z. B. der Händler) hat sich auf seine Schutzinteressen festgelegt und weicht nicht von ihnen ab. Der andere (z. B. ein Kunde) ist ein sehr rücksichtsvoller Mensch und wird seine Schutzinteressen häufig den Interessen anderer unterordnen.

a) Wie werden die Aushandlungsergebnisse aussehen?

b) Wie ändert sich die Situation, wenn beide Kommunikationspartner sich für alle Schutzinteressen bereits vor der Aushandlung auf ein JA (ich will dieses Schutzziel) oder NEIN (ich will dieses Schutzziel nicht) festlegen müssen?

c) Wie kann man die Situation verbessern?

5-4 Gewichtung von Schutzzielen : Was tun bei EGAL?

In einem System stehen für die Angabe von Schutzinteressen die 3 Gewichtungen JA, EGAL und NEIN (vgl. Antwort c zu Aufgabe 5-3) zur Verfügung.

a) Was passiert in der Aushandlung, wenn beide Teilnehmer kompromissbereit sind (sich nicht für oder gegen ein Schutzziel entscheiden) und die Gewichtung EGAL wählen?

b) Wie könnte eine Lösung des Problems aussehen?

5-5 Strategie „pro Sicherheit"

In Kapitel 5.2.1.1 wird die Strategie „pro Sicherheit" für die Ermittlung von Schutzzielgewichtungen beschrieben. Ist diese Strategie für alle Schutzziele in gleicher Weise empfehlenswert? Berücksichtigen Sie sowohl die Benutzungsoberfläche aus Kapitel 2 (Abbildung 7 und 8) als auch die Konfiguration in Kapitel 4 (Abbildungen 13 und 16).

5-6 Datensparsamkeit

Kann man zwischen anonymen Partnern durch kompliziertere Protokolle mehr Datensparsamkeit erreichen?

5-7 Aushandlungsreihenfolge: Schutzziele und Sicherheitsmechanismen

Mit Hilfe der SSONET-Architektur handeln Kommunikationspartner über Schutzziele und Sicherheitsmechanismen aus. Beim Design der Architektur musste entschieden werden, in welcher Reihenfolge über diese zwei Merkmale ausgehandelt werden soll. Entweder könnte zuerst über die Schutzziele und anschließend über die Sicherheitsmechanismen ausgehandelt werden (Variante A) oder umgekehrt – zuerst über die Sicherheitsmechanismen und dann über die Schutzziele (Variante B). Nennen Sie Argumente für und gegen die Varianten A und B. Für welche Variante würden Sie sich entscheiden?

5-8 Schutz der Aushandlung

Es soll eine Aushandlung zwischen zwei entfernten Kommunikationspartnern durchgeführt werden. Es wurden noch keine Schutzziele oder Sicherheitsmechanismen ausgehandelt.

a) Muss die Aushandlung gesichert werden (mit Begründung)?

b) Falls ja, wie?

c) Falls das nicht einfach geht, was kann man ersatzweise tun?

5-9 Digitale Signaturen

Angenommen, der Kunde ist bereit, seine Bestellung digital zu signieren (Schutzziel Zurechenbarkeit). Er will dazu den Sicherheitsmechanismus RSA verwenden und hat diesen in seiner Konfiguration ausgewählt. Welchen Signaturmechanismus wählt der Händler sinnvollerweise?

Für die folgenden praktischen Aufgaben wäre es ideal, wenn Sie einen Kommunikationspartner im LAN oder im Internet finden, mit dem Sie die Aushandlung über SSONET real ausführen. Finden Sie keinen Kommunikationspartner, können Sie SSONET auch zweimal auf Ihrem eigenen Rechner ausführen.

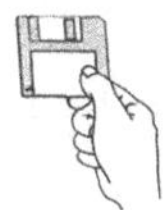

Starten Sie entsprechend der Anleitung im Anhang (Kapitel 12.2.1) die Grundkonfiguration eines Händlers (einen Katalog) *und* des Kunden.

5-10 Aushandlung mit verschiedenen Schutzziel-Gewichtungen

Konfigurieren Sie die Schutzziele des Kunden und des Händlers für die Aktion „Bestellung aufgeben".

a) Kunde: Wählen Sie eine hohe Gewichtung (unbedingt) für Anonymität, Integrität und Vertraulichkeit. Wählen Sie eine niedrige Gewichtung (keinesfalls) für Ihre Zurechenbarkeit. Markieren Sie für alle Schutzziele die CheckBox „negotiable".
b) In der Anwendungskonfiguration des Händlers wählen Sie nun Gewichtungen aus, die einen Konflikt provozieren. Wählen Sie z.B. für Anonymität hier „keinesfalls" aus.
c) Starten Sie die Aushandlung, indem Sie einen Katalog anfordern und beobachten Sie, was passiert.
d) Entscheiden Sie (als Kunde), ob Sie für ein oder mehrere Schutzziele nachgeben wollen.

5-11 Aushandlung ohne „negotiable"

Benutzen Sie die gleichen Einstellungen wie in Aufgabe 5-10. Deaktivieren Sie aber die CheckBox „negotiable". Starten Sie die Aushandlung, indem Sie eine Bestellung aufgeben und beobachten Sie, was passiert.

5-12 Aushandlung mit verschiedenen Mechanismen-Präferenzen für Vertraulichkeit

Konfigurieren Sie die Präferenzliste des Kunden und des Händlers in der Grundkonfiguration (vgl. Kapitel 4).

a) Kunde: Wählen Sie Blowfish und DES für Vertraulichkeit aus.
b) Händler: Wählen Sie CAST5 und IDEA für Vertraulichkeit aus.
c) Starten Sie die Aushandlung, indem Sie eine Bestellung aufgeben und beobachten Sie, was passiert.

5-13 Aushandlung mit verschiedenen Mechanismen-Präferenzen

a) Konfigurieren Sie die Präferenzliste des Kunden in der Grundkonfiguration wie in Aufgabe 4-6 angegeben.
b) Konfigurieren Sie die Präferenzliste des Händlers in der Grundkonfiguration so, dass gemeinsame Mechanismen zur Umsetzung von Schutzzielen existieren (z.B. gleichfalls DES3 für Vertraulichkeit und RSA für Zurechenbarkeit).
c) Starten Sie die Aushandlung, indem Sie eine Bestellung aufgeben und beobachten Sie, was passiert.

5-14 „Freie" Aushandlung

Führen Sie weitere Konfigurationen für Schutzziele (in der Anwendungskonfiguration) und für Sicherheitsmechanismen (in der Grundkonfiguration) aus. Beachten Sie dabei die verschiedenen Möglichkeiten der Beeinflussung der Aushandlung (Gewichtungen, negotiable, Mechanismenauswahl und -ordnung in der Präferenzliste).

Starten Sie jeweils die Aushandlung und vollziehen nach, wie die Ergebnisse ermittelt werden.

6 Sicherheitsgateways

SSONET-Sicherheitsgateways sind Instanzen, die in der Lage sind, zwischen verschiedenen Verfahren und Mechanismen zur Kommunikationssicherung zu konvertieren. Diese Gateways lösen keine Unstimmigkeiten bezüglich der Schutzziele der Teilnehmer, sondern erweitern die Möglichkeiten zur technischen Umsetzung der Schutzziele. Das bedeutet, dass mit Hilfe eines Sicherheitsgateways eine gesicherte Kommunikation ermöglicht werden kann, obwohl beide Teilnehmer disjunkte Mengen von Sicherheitsmechanismen zur Verfügung haben.

6.1 Beschreibung der Konzepte

Grundsätzlich ist das Ziel eines Gateways die Umwandlung von inkompatiblen Verfahren, Protokollen und Datenformaten ineinander, um Heterogenität zu überwinden, Interoperabiltät zu ermöglichen oder erweiterte Funktionalität zu bieten. Beispiele für solche Gateways sind z. B. Proxies, Router, auf Hardwareebene arbeitende Transceiver und ähnliche.

6.2 Intermediäre und lokale Sicherheitsgateways

Man kann sich (mindestens) zwei Lokationsvarianten für SSONET-Sicherheitsgateways vorstellen. Einerseits als *intermediäres* Gateway, das zwischen den Teilnehmern positioniert ist und während der Kommunikation Umsetzungen zwischen den verschiedenen Mechanismen vornimmt; andererseits als *lokales* Gateway, das vom Sender oder Empfänger unilateral zu Hilfe genommen wird, um zu sendende oder empfangende Nachrichten sicher konvertieren zu lassen. Beide Gatewayvarianten können sowohl vom Absender als auch vom Empfänger angewendet bzw. in ihrem Vertrauensbereich platziert werden. In der nachfolgenden Abbildung 20 sind die beiden Varianten schematisch dargestellt, A bezeichnet den intermediären, B das lokale Gateway.

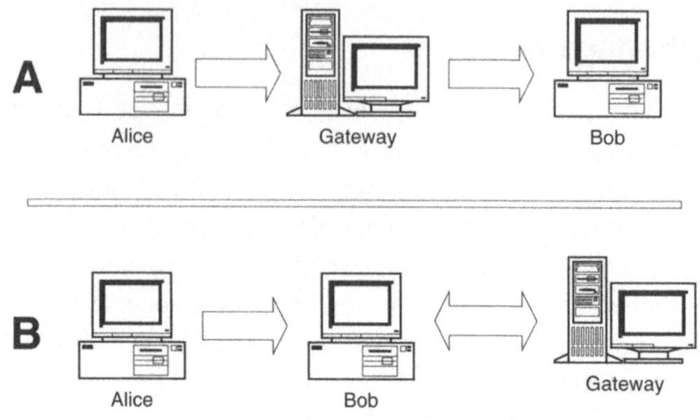

Abbildung 20:Intermediäre und lokale Gateways

Folgender Unterschied zwischen den Lokationsvarianten wird deutlich: Intermediäre Sicherheitsgateways vermitteln bei Vorhandensein disjunkter Sicherheitsmechanismen bei den Teilnehmern. Das leistet auch das lokale Sicherheitsgateway; allerdings kann es darüber hinaus auch Unterstützung bieten, wenn ein Teilnehmer *keine* Mechanismen für ein Schutzziel besitzt. Das trifft für alle Schutzziele zu, setzt aber meist gewisse Eigenschaften der Verbindung zwischen Empfänger und Gateway voraus.

Weiterhin sind die Vor- und Nachteile der beiden Systeme zu erkennen: Beim lokalen Gateway erhält der Empfänger die Originalnachricht des Senders, was zum einen keinerlei Änderungen an der Kommunikation zwischen Alice und Bob erfordert und verschiedene Angriffe des Gateways von vornherein vereitelt. Der Vorteil des intermediären Gateways besteht im geringeren Nachrichtenaufwand. Eine Auflistung der jeweiligen Vor- und Nachteile beider Varianten befindet sich in Tabelle 15.

Aus Architektursicht werden die (sowohl intermediären als auch lokalen) über SSONET-Sicherheitsgateways realisierten Sicherheitsmechanismen in der Konfigurierung als Implementierungsvariante repräsentiert (vgl. Kapitel 6.4.1).

Intermediäres Sicherheitsgateway	Lokales Sicherheitsgateway
Niedrigerer Nachrichtenübertragungsaufwand: Es entfällt ein Nachrichtenaustausch zwischen Gateway und Bob. Dies kann insbesondere bei zeitkritischen Anwendungen (z. B. Videokonferenz) relevant sein. *Modifikation der Verbindung*: Mindestens die Kommunikationsadressen, meistens auch die Datenformate unterscheiden sich von denen einer Verbindung ohne Sicherheitsgateway. Intermediäre Gateways lassen sich (bei reduzierter Selbständigkeit des Endsystems) wie ein *Proxy* realisieren, wobei man auf bekannte Verfahren zurückgreifen kann und diesen proxy-ähnlichen Dienst z. B. in ein Firewallsystem integrieren könnte.	Teilnehmer können Gateways einschalten, *ohne* mit dem Anderen darüber zu *verhandeln*. Aus der Sicht des Einen wird das gewünschte Verfahren vom Anderen direkt unterstützt. *Transparente Einbindung*: Es sind keine Änderungen in der Kommunikation zwischen Sender und Empfänger notwendig. Der Empfänger erhält bei Einsatz eines lokalen Gateways die *Originalnachricht*, solange nicht ein Man-in-the-middle-Angriff in Zusammenarbeit mit dem Gateway erfolgt. Ein intermediäres Gateway kann unerkannt modifizieren. Die möglicherweise notwendige *Abrechnung* vereinfacht sich, weil der Dienst des Gateways eindeutig einem Teilnehmer zurechenbar ist. Das lokale Gateway ist *flexibler* einsetzbar. Die Teilnehmer müssen das Gateway nicht immer benutzen, sondern können es je nach Anwendungsfall einschalten (z. B. kann möglicherweise der Test bei digitalen Signaturen unter eher irrelevanten Nachrichten entfallen oder auf später verschoben werden).

Tabelle 15: Jeweilige Vorteile der Gateway-Lokationsvarianten

6.3 Umsetzbare Schutzziele

Bei der Diskussion der durch ein Gateway umsetzbaren Schutzziele (bzw. Sicherheitsmechanismen) wurden zunächst nur diejenigen betrachtet, bei deren Einsatz das Gateway kontrollierbar bleibt. Also sind SSONET-Sicherheitsgateways zunächst auf Integrität und Zurechenbarkeit beschränkt.

Wird der Vertrauensbereich der Endbenutzer auf das Sicherheitsgateway erweitert, können auch Mechanismen für Schutzziele wie Vertraulichkeit und Anonymität umgesetzt werden (vgl. Tabelle 16). Hiermit wird die Annahme aus Kapitel 1.2, dass ein sicheres Endsystem vorausgesetzt wird, das erste Mal etwas aufgeweicht. Es wird nicht mehr zwingend davon ausgegangen, dass ein Benutzer der SSONET-Architektur Mechanismen zur Umsetzung seiner Schutzinteressen auf seinem *eigenen* System vorhanden haben muss, sondern dass ein sicheres Endsystem gemeinsam mit lokal und extern vorhandenen Sicherheitsmechanismen Sicherheit in verteilten Systemen ermöglicht. Eine Auswirkung dieser Abschwächung ist, dass der Vertrauensbereich des Endbenutzers erweitert werden muss (siehe Tabelle 16).

Schutzziel: Transformation	**Wirkung auf den Vertrauensbereich**
Integrität: Symmetrische Authentikation ➔ Symmetrische Authentikation	Der Vertrauensbereich muss auf das Gateway erweitert werden. Betrug ist feststellbar, wenn das Gateway nicht zu jedem Zeitpunkt alle Kommunikationswege zwischen den Partnern kontrollieren kann.
Integrität und Zurechenbarkeit: Digitale Signatur ➔ Digitale Signatur	Dem Gateway muss nicht vertraut werden, da jeder Missbrauch Dritten beweisbar ist.
Vertraulichkeit: Konzelation ➔ Konzelation	Der Vertrauensbereich muss auf das Gateway erweitert werden, denn das Gateway erhält Kenntnis der geheimen Nachricht; unerlaubte Weiterverbreitung durch das Gateway ist möglich.

Tabelle 16: Eine Auswahl umsetzbarer Schutzziele und nötiger Vertrauensbereiche

Durch die in SSONET integrierten Sicherheitsgateways kommen Diskussionen über Schnittstellen zu rechtlichen und organisatorischen Rahmenbedingungen ins Spiel. Es wird somit auf Mechanismenebene mehr als nur der kryptographische Mechanismus betrachtet.

6.4 Implementierung

Aus den vorangegangenen Ausführungen motiviert wurden zunächst lokale Gateways realisiert, die digitale Signaturen (und damit Zurechenbarkeit) umsetzen. Weiterhin wurde die Umsetzung von Konzelation implementiert.

Hierbei sind zwei Punkte der Implementierung gesondert zu betrachten, nämlich zum einen die Integration der Gatewayfunktionalität in die Architektur und andererseits die Präsentation des Konzeptes „Sicherheitsgateway“ gegenüber dem Nutzer, also die Integration in die Benutzungsoberfläche.

6.4.1 Integration in die Benutzungsoberfläche

Für diese Integration wurden drei Konzepte entwickelt und bewertet, die allesamt darauf basieren, dem Nutzer die Gateways im Rahmen der Grundkonfiguration anzuzeigen. Diese drei Möglichkeiten sind dann:

1. Man führt je Schutzziel *einen* weiteren Mechanismus „Gateway“ ein. Dieser ist für alle Gatewayoperationen bezüglich des Schutzziels zuständig und wird entsprechend (vermutlich recht komplex und aufwendig) konfiguriert.
2. Man führt jeweils für jede Gateway-Realisierung einen neuen Mechanismus mit eigenem Namen ein: Aus RSA würde z. B. „RSA_Gateway“.
3. Man verlagert die Gatewayauswahl und -konfiguration in die Detailkonfiguration der einzelnen Mechanismen. So ergäbe sich z. B. für RSA zusätzlich zu den Konfigurationsmöglichkeiten Schlüssellänge und Hashfunktion noch eine weitere zur Gatewayauswahl (bzw. Implementierungsauswahl, s. u.).

Die Vor- und Nachteile der Varianten sollen im folgenden kurz diskutiert werden. Dabei sind sowohl Interface- als auch Implementierungsbetrachtungen enthalten.

6.4.1.1 Gateway als zusammenfassender Mechanismus je Schutzziel

Da üblicherweise Gateways aufgrund des Aufwandes und ggf. anfallender Kosten durch den Nutzer eher als „letztes Mittel“ betrachtet werden, erscheint es durchaus sinnvoll, einen Mechanismus „Gateway“ einzuführen, der typischerweise am Ende der Präferenzliste erscheint und alle Mechanismen enthält, die man per Gateway unterstützen will. Wenn man davon ausgeht, dass das mehrere Mechanismen sein können, hat dieses Verfahren drei **Nachteile**:

1. Keine Differenzierung möglich: Alle Gateway-Mechanismen sind an der gleichen Stelle in der Präferenzliste einsortiert. Dabei ist es durchaus

denkbar, dass (z. B. bei hohen Performanceanforderungen) ein Gateway einem lokal installierten Mechanismus vorzuziehen ist, dieser jedoch wiederum anderen Gateway-/Mechanismenkombinationen überlegen ist und konsequenterweise höher als diese zu priorisieren ist.

2. Komplexe Konfiguration: Alle Einstellungen für alle Mechanismen-/Gatewaykombinationen je Schutzziel müssen zusammengefasst vorgenommen werden. Im günstigsten Fall entsteht dadurch einfach nur eine weitere Konfigurationskomponente, so dass sich dies evtl. nicht als gravierender Nachteil erweisen würde.

3. Änderungen am Aushandlungsprotokoll erforderlich: Die Aushandlung müsste sich an den neuen Mechanismus „Gateway" anpassen, da er nicht einfach als Mechanismus aufzufassen ist, sondern als Platzhalter für eine weitere Liste aus Mechanismen. Diese Liste könnte man ggf. noch innerhalb der Konfigurationskomponente bilden, so dass nicht die Aushandlung, sondern die Konfigurationskomponente betroffen ist, was auch geringeren Aufwand bedeuten würde. Dabei müssen die Namen der Gateway-Mechanismen auf konsistente Weise mit einem eindeutigen Namen versehen werden, da ja ein solcher Mechanismus durchaus auch lokal installiert sein und ebenfalls in der Präferenzliste erscheinen kann.

6.4.1.2 Gateway als selbständiger Mechanismus

Die Idee ist hierbei, dass jeder Mechanismus, der durch ein Gateway realisiert wird, eine eigene Instanz bekommt, die z. B. (für RSA) `RSA_Gateway()` genannt werden könnte. Diese erscheint dann in der Liste der vorhandenen Mechanismen und kann in die Präferenzliste übernommen werden.

Nachteile:

1. Änderungen an der Aushandlung notwendig: Die Gateway-Mechanismen haben eigene (wenn auch nach einem auswertbaren Schema gebildete) Namen. Ein Match bei der gegenwärtigen Realisierungsform der SSONET-Aushandlung würde also nur auftreten, wenn beide Partner z. B. RSA_Gateway benutzen würden, was nicht sinnvoll erscheint. Zumindest daraufhin muss die Aushandlung geändert werden. Es könnte auch eine automatische Reduktion von RSA_Gateway() auf RSA()

vorgenommen werden, woraufhin die Aushandlung nicht geändert werden müsste.

2. Der Partner erfährt wiederum, welche Mechanismen man nur über Gateway realisieren kann/will. Dieser Punkt kann jedoch durch entsprechende Änderungen in der Aushandlungskomponente kompensiert werden

Die Änderungen an der Aushandlungskomponente können auch in die Konfigurationskomponente verschoben werden.

Vorteile:

1. Genauere Differenzierung als Variante 1 möglich: Beliebige Gatewaymechanismen können an beliebiger Stelle in der Präferenzliste erscheinen.
2. Man sieht sofort, welche Mechanismen in welcher Position der Präferenzliste durch Gateways realisiert werden. Das kann man aber auch als Bruch mit dem SSONET-Prinzip der Abstraktion auffassen.

6.4.1.3 Gateway als Implementierungsvariante

Zu dieser Variante ist anzumerken, dass in SSONET derzeit die Algorithmenimplementierungen fest kodiert sind. Das bedeutet beispielsweise, dass im Falle des Algorithmus RSA immer eine Instanz von `cryptix.provider.rsa.MD2_RSA_PKCS1Signature()` erzeugt wird. Im Prinzip sollte es möglich sein, unter verschiedenen Implementierungen auszuwählen. Sicherheitsgateways kann man dann als Spezialfall einer Implementierung betrachten. Die Detailkonfiguration sollte also strenggenommen die Auswahl verschiedener Implementierungen anbieten, u. a. eben auch Gateways.

Vorteile:

1. Kapselung der Funktionalität: Es sind keine tiefgreifenden Änderungen in der Aushandlungs- und Konfigurationskomponente notwendig.
2. Gute Integration in das Abstraktionsebenenkonzept von SSONET: Ein Nutzer muss nicht genau wissen, wie die Leistung erbracht wird, es reicht, wenn der Algorithmus verfügbar ist. Wenn er sich aber bis auf die Ebene der Detailkonfiguration begibt, kann er Einstellungen treffen, die ihm genehm sind.

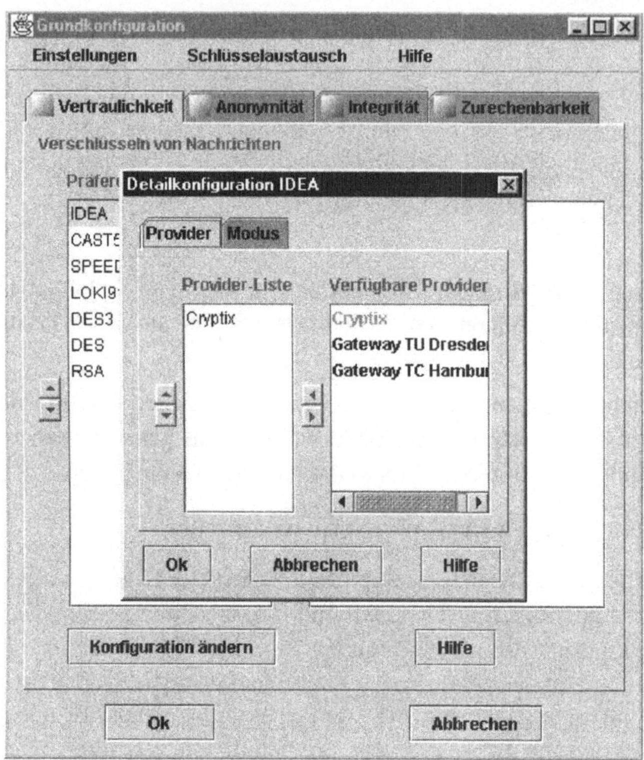

Abbildung 21: Integration der Gateways in die SSONET-Oberfläche

Zur Implementierung wurde schließlich die Variante „Gateway als Implementierungsvariante“ angewendet, da sie sich anhand der o.a. Vor- und Nachteile als die vorteilhafteste präsentiert.

Die Bedienung gestaltet sich den üblichen Regeln der Grundkonfiguration entsprechend: es gibt eine Liste verfügbarer Varianten (hier lokale Implementationen und Gateways), die in die Auswahlliste übernommen und nach Präferenz sortiert werden können. Spezielle Eigenheiten des Gateways (Adressen, zu benutzender Mechanismus für den Rücktransport etc.) können extra eingestellt werden.

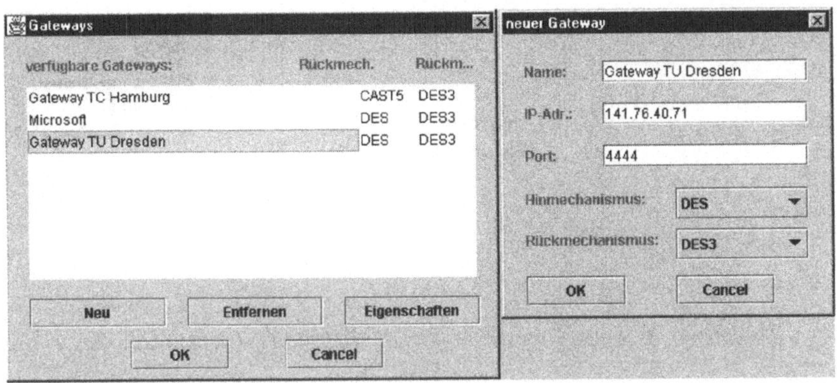

Abbildung 22: Gatewaykonfiguration

6.4.2 Integration in den Nachrichtenfluss von SSONET

Wie bereits beschrieben, wird in SSONET mittels kaskadierter Streams kommuniziert, die an geeigneter Stelle Operationen wie Ver- und Entschlüsseln oder ähnliches vorsehen.

Genau diese Operationen werden durch entsprechende Kommunikation mit dem Gateway ersetzt, was aus Sicht der Anwendung ebenso wie die gesamte Sicherheitsfunktionalität von SSONET völlig transparent geschieht. Abbildung 23 veranschaulicht das für den Fall Zurechenbarkeit. Wie der Abbildung zu entnehmen ist, ist auf der Empfängerseite weiterhin ein Signaturtest notwendig, um die Gültigkeit der Gatewayantwort zu prüfen.

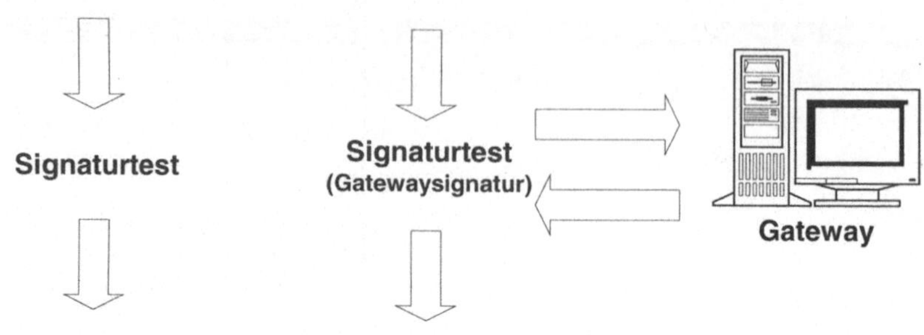

Abbildung 23: Signaturumsetzung in SSONET mittels lokalem Gateway

Verschlüsselung wird ähnlich realisiert, auch hier ist wieder eine Entschlüsselung notwendig. Als ein Problem stellt sich dabei der Schlüsselaustausch dar. Es gibt (bei der Anwendung von lokalen Gateways) 3 Möglichkeiten, einen solchen Schlüsselaustausch zu realisieren:

1. Der Schlüsselaustausch wird komplett zwischen Alice und dem Gateway realisiert. In diesem Fall kann man das Gateway allerdings auch gleich als intermediäres Gateway realisieren.
2. Die Schlüsselaustauschnachrichten werden wie übliche verschlüsselte Nachrichten von Bob weitergeleitet. Das bedeutet insbesondere, dass die Nachrichten normalerweise nicht von Bob interpretierbar sind.
3. Wenn sich der Schlüsselaustausch unabhängig vom Austausch der eigentlichen Nachrichten gestalten lässt – und das ist üblicherweise der Fall – kann er ganz normal zwischen Alice und Bob ablaufen. Bob muss dann diesen Schlüssel dem Gateway übermitteln. Das kann in einer separaten Nachricht oder auch mit der ersten zu transformierenden Nachricht geschehen. Wichtig ist dabei nur, dass dieser Schlüssel mit dem zwischen Bob und dem Gateway vereinbarten Verfahren oder dem öffentlichen Schlüssel des Gateways verschlüsselt ist, da sonst jeder, der diese Nachricht abfängt, die von Alice gesendeten Nachrichten entschlüsseln könnte.

Für das lokale Gateway bieten sich insbesondere die Varianten 2 und 3 an, wobei die Vorteile von Variante 2 in der Verfahrensunabhängigkeit liegen, die von Variante 3 dagegen im verringerten Nachrichtenaufwand.

6.5 Validierung

Zur Überprüfung der theoretischen Betrachtungen wurde zunächst ein prototypisches Szenario für ein lokales Gateway realisiert, der digitale Signaturen umsetzt. Es bestand aus dem eigentlichen Gateway und einem von SSONET losgelösten Client, der den Empfänger, also Bob, simuliert. Der Client erzeugt die normalerweise vom Absender erhaltene digital signierte Nachricht und schickt sie an das Gateway, der entsprechend den o.a. Verhaltensregeln agiert. Auf diese Weise konnte eine recht effektive Zeitmessung realisiert werden, die beim intermediären Gateway wesentlich aufwendiger ist.

Die Ergebnisse der Messungen für das lokalen Gateway sind die folgenden:

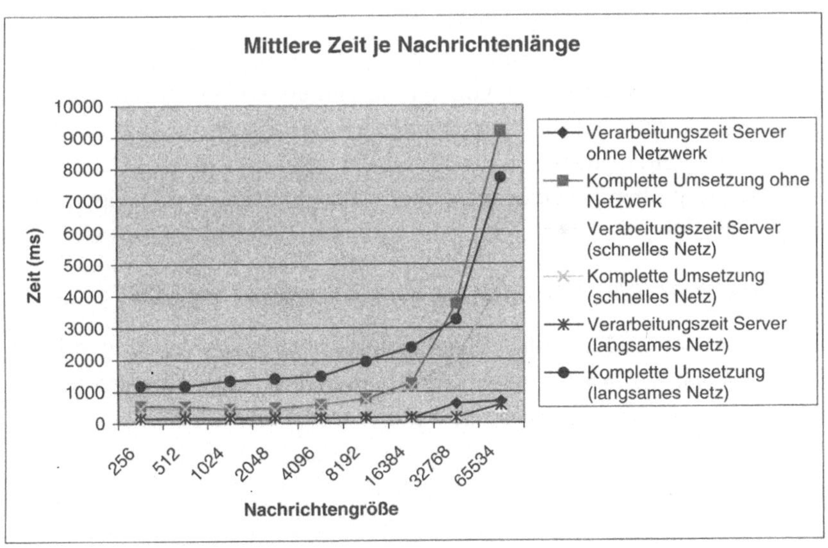

Abbildung 24: Performancemessungen am lokalen Gateway

Die drei gemessenen und dargestellten Szenarien sind:

- ohne Netz: Sowohl Client- als auch Serverprozess laufen auf dem gleichen Rechner
- schnelles Netz: Client und Server sind über Fast Ethernet (100 Mbit/s) miteinander verbunden
- langsames Netz: Client und Server kommunizieren über eine 14.400-bit-Modem-Verbindung miteinander (genaugenommen liegt zwischen Einwahlserver und Sicherheitsgateway noch eine Fast-Ethernet-Verbindung, diese kann jedoch vernachlässigt werden)

Als wesentliches Ergebnis, das man aus diesen Messwerten ableiten kann, zeigt sich, dass die eigentliche Umsetzungszeit beim Server gering ist und mit größerer Datenmenge weniger stark zunimmt als andere Operationen (Umkodieren, Serialisierung von Objekten, Nachrichtentransport). Optimierungen an der Umsetzung an sich erscheinen also weniger vielversprechend als an den anderen angesprochenen Operationen.

Der in Abbildung 24 auftretende scheinbare Widerspruch, dass die komplette Umsetzung über ein langsames Netz bei der größten Datenmenge schneller funktioniert als die Umsetzung auf ein und demselben Rechner liegt darin begründet, dass bei diesen Datenmengen das System bereits auf Swapping zurückgreifen musste. Und da bei der rein lokalen Umsetzung zwei Prozesse mit großen Datenmengen agierten, wirkte sich das Swapping überproportional aus.

6.6 Eine spezielle Anwendung von Gateways: SSONET und SSL

Als weitere Anwendung eines (intermediären) Gateways wurde eine Kopplung zwischen SSONET-Clients und Programmen, die mit der verbreiteten, von Netscape Communications Inc. entwickelten SSL-Schnittstelle [SSL_97] (Weiterentwicklung als Transport Layer Security – TLS – der IETF [CFHM_98]) arbeiten.

SSL bedeutet „Secure Socket Layer“ und beschreibt damit gleichzeitig, dass die Sicherung auf der Ebene der Socketverbindungen durchgeführt wird, was den OSI-Schichten 3 und 4 entspricht. Prinzipiell erfolgt damit die Übertragungssicherung einzelner TCP/IP-Pakete. Die Kommunikationssicherung innerhalb der SSONET-Architektur wird dagegen auf der Anwendungsschicht durchgeführt, d. h. es werden applikationsbezogene Daten wie z. B. Strings, komplette Dokumente oder Programmobjekte Ende-zu-Ende gesichert. Aus diesem Unterschied ergibt sich die Notwendigkeit zu umfangreicheren Anpassungen zwischen beiden Systemen.

Die wesentlichen Unterschiede zwischen SSONET und SSL sind:

1. Zur Sicherung verwendete Netzschicht: 7 bei SSONET und 3 bzw. 4 bei SSL.
2. Nutzerkonfiguration: in SSONET standardmäßig vorgesehen, in SSL nicht.
3. Aushandlung: Komplette Aushandlung in SSONET, rudimentäre Aushandlung in SSL (Client bietet eine Auswahl aus einem Satz von vordefinierten „Cipher Suites“ an, aus denen der Server eine auswählt).
4. Angabe von Sicherheitszielen/Abstraktion: In SSONET existieren mehrere Abstraktionsebenen (vgl. Kapitel 4), in SSL werden die Schutzziele implizit durch die verwendeten Mechanismen definiert.
5. Schutzziele: SSL konzentriert sich auf Authentikation und Konzelation, SSONET unterstützt zusätzlich Zurechenbarkeit, Anonymität ist geplant.

Die Realisierung erfolgte als intermediäres Gateway (vgl. Abbildung 25).

Nachricht 1 und 2 sind im Prinzip gleich, bei beiden handelt es sich um SSONET-Aushandlungsobjekte. Nachricht 2 enthält jedoch zusätzlich die eigentliche Zieladresse. Nachdem der SSONET-Client festgestellt hat, dass keine Verbindung auf dem herkömmlichen Weg möglich ist, wendet er sich an das Gateway mit der zu übertragenden Nachricht. Dieser übersetzt sie in ein SSL-konformes Format und schickt sie an den Server mit der eigenen Adresse als Absender. Somit erhält das Gateway auch die Antwort vom Server und schickt sie, übersetzt in ein SSONET-konformes Format, an den Client.

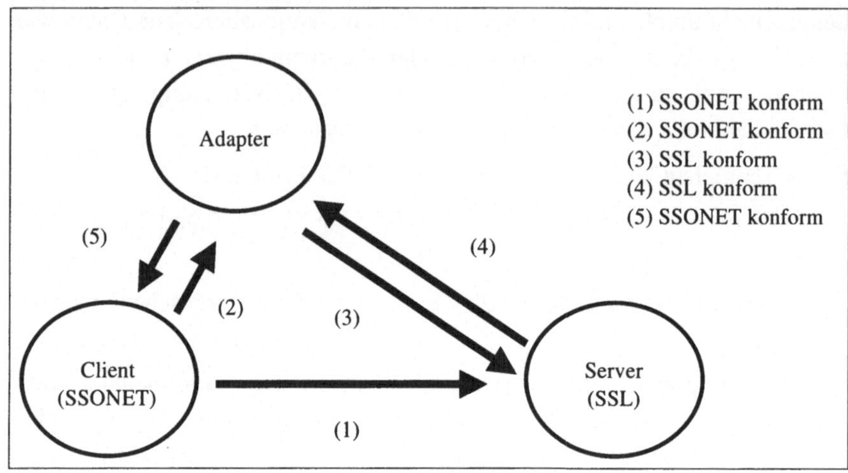

Abbildung 25: Intermediäres SSL-Gateway

Alle Nachrichten werden an das Gateway, dann weiter an den Server geschickt und auf diesem Weg wieder zurück. Damit hat der Client keine Möglichkeit, den Verkehr zu kontrollieren. Das Gateway muss entsprechend vertrauenswürdig sein, da es die Inhalte der Kommunikation sowie die Adressen der Kommunikationspartner erfährt. Der SSL-Server kommuniziert nur mit dem Gateway und weiß nichts vom Client. Dies alles legt die Realisierung des Gateways auf der gleichem Maschine, auf der der SSONET-Client läuft, nahe.

Das folgende Bild zeigt das Prinzip der vorgenommenen Gatewayimplementierung:

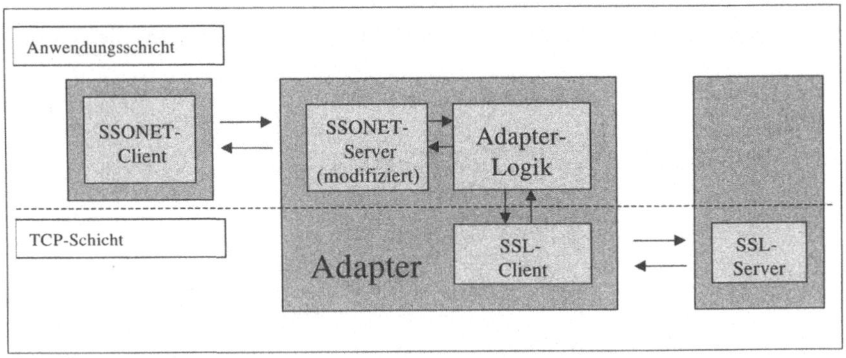

Abbildung 26: Implementierung des SSL-Gateways

Das Gateway besteht im wesentlichen aus drei Teilen, der SSONET- und SSL-Seite sowie der Umsetzungslogik.

Die SSONET-Seite wird durch einen leicht modifizierten SSONET-Server realisiert. Die Modifikation ist notwendig, da erstens die SSONET-Aushandlung im Gegensatz zu SSL mehrstufig (Schutzziele, -mechanismen) abläuft und die Kommunikation mit dem SSL-Server an sich realisiert werden muss. Konkret geschieht die Aushandlung, wie in Abbildung 27 dargestellt.

Bei der anschließenden Kommunikation wird einfach von SSONET-Objekten auf TCP-Pakete bzw. umgekehrt umgesetzt. Voraussetzung ist natürlich, dass der SSONET-Client und der Server ein kompatibles Protokoll (z. B. HTTP) verwenden, sprich eine gänzlich ungeschützte Kommunikation funktionieren würde.

Die SSL-Seite des Gateways ist ein passend programmierter SSL-Client. Insbesondere ist in diesem Client die Algorithmenauswahl nicht statisch festgelegt, da er ja entsprechend den Anforderungen der SSONET-Seite agieren soll.

Für Funktionstest wurden zwei einfache Programme als SSONET-Client und SSL-Server realisiert, die die Funktionstüchtigkeit des Gateways unter Beweis stellten.

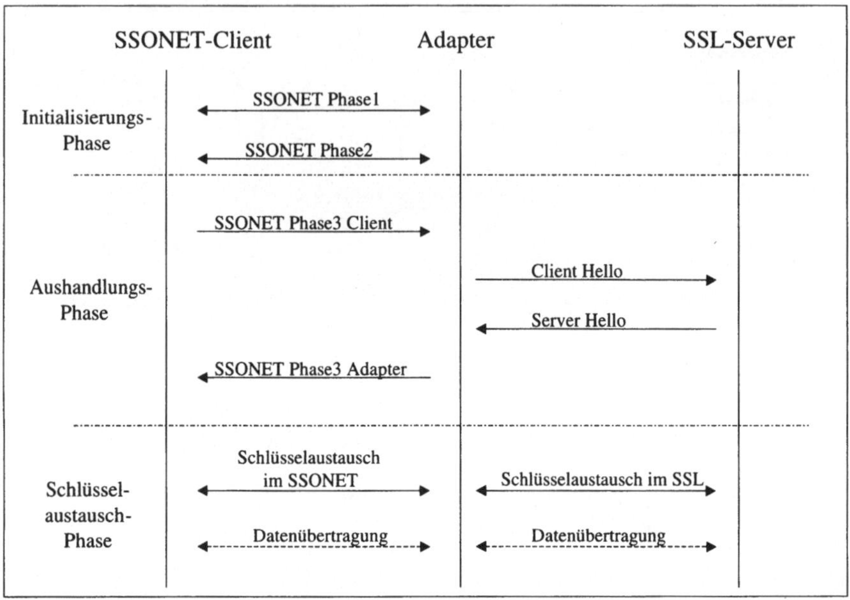

Abbildung 27: Aushandlung zwischen SSONET und SSL mittels Gateway

6.7 Offene Forschungsfragen bezüglich Gateways

Als weitere interessante Aspekte stellen sich insbesondere folgende Fraugestellungen:

- Die Anwendung eines lokalen Gateways auf Senderseite scheint auf den ersten Blick keine wesentlich neuen Probleme aufzuwerfen. Weitere und detailliertere Untersuchungen sollten endgültige Klarheit schaffen können.
- In den Ausführungen wurden vor allem die Schutzziele Vertraulichkeit, Zurechenbarkeit und Integrität behandelt. Anonymität ist davon nicht erfasst, da es sich hier um ein sehr komplexes Themengebiet handelt, das eigene Forschungsarbeiten erforderlich macht. Insbesondere das Zusammenspiel verschiedener Verfahren und Mechanismen zur Gewährleistung der unterschiedlichen Arten von Anonymität bedarf der Klärung.

- Auf Grundlage der Erfahrungen bei der Kopplung zwischen SSONET und SSL stellt sich die Frage, Verbindungen mit weiteren Sicherheitspaketen herzustellen. Von besonderem Interesse ist dabei, ob es möglich wäre, ein generisches Interface zu realisieren, das die verschiedenen Module ansprechen können.

Generell ist ebenso wie für die gesamte SSONET-Architektur ein umfangreicherer Praxistest von Interesse.

6.8 Aufgaben

6-1 Nutzen von Sicherheitsgateways

In welchen Situationen werden Sicherheitsgateways angewendet? Welchen Nutzen können Sicherheitsgateways dem Nutzer bringen?

6-2 Standort von Sicherheitsgateways

Wo sollten Sicherheitsgateways am besten angeordnet sein?

a) Berechnen Sie für die Leistung einer digitalen Signatur durch ein Gateway (Senden einer digital signierten Nachricht von Teilnehmer A zu Teilnehmer B über ein Gateway; dieses prüft die Signatur) jeweils den Nachrichtenaufwand für die lokale und die intermediäre Variante.

b) Denken Sie über andere Unterschiede bzw. Vor- und Nachteile von lokal und intermediär angeordneten Gateways nach!

6-3 Gateway trotz kompatibler Mechanismen?

Die Kommunikationspartner besitzen kompatible Mechanismen. Können Sie sich eine Situation vorstellen, in der mindestens einer von ihnen trotzdem ein Gateway einsetzen will?

6-4 Anwendbarkeit für welche Schutzziele?

Rufen Sie sich die in Kapitel 2 definierten Schutzziele ins Gedächtnis. Für welche Schutzziele (oder Schutzzieltypen) ist der Einsatz von Gateways am besten geeignet? Auf welche Schutzziele kann man die Benutzung von Gateways ausweiten, wenn man das Gateway als vertrauenswürdige Instanz betrachten kann?

7 Einsatz von SSONET als Anwendungsumgebung

Dieses Kapitel beschreibt die grundlegenden Möglichkeiten, Anwendungen in die SSONET-Architektur einzubinden. Ein wesentliches Kriterium beim Entwurf der Architektur war die einfache Handhabbarkeit sowohl durch Anwender als auch Entwickler. Die Architektur muss daher leicht anpassbar an künftige Entwicklungen und kompatibel zu bestehenden Schnittstellen sein. Sie erreicht einen Teil ihrer Anpassbarkeit an künftige kryptographische Mechanismen dadurch, dass diese dynamisch ergänzt werden können. Wie das genau geschieht, wird im Kapitel 7.2 beschrieben.

Die Schnittstelle für Anwendungen, die durch die SSONET-Architektur gesichert werden sollen, ist nur in geringem Maße umfangreicher und bei weitem nicht so komplex wie übliche Bibliotheken kryptographischer Mechanismen. Wie es dennoch ermöglicht wird, Schutzziele umzusetzen, beschreibt Kapitel 1.1.

7.1 Systemvoraussetzungen

Grundlage für den Einsatz von SSONET ist eine Java-Laufzeitumgebung (derzeit Version 1.2, d. h. Java-2-Plattform). Die SSONET-Architektur ist dadurch unabhängig vom darunter liegenden Betriebssystem lauffähig. Sie wurde unter MS-Windows (95/NT), Solaris und Linux, den Entwicklungssystemen, getestet. Derzeit wird auf Sicherheitsmechanismen aus der Cryptix-Bibliothek (Version 3.1.0) zurückgegriffen. Andere Mechanismen-Implementierungen lassen sich an die SSONET-Architektur anpassen. Sicherheitsmechanismen, die die Architektur zwingend voraussetzt (z. B. für die Aushandlung) sind bereits in der Java-Laufzeitumgebung enthalten.

7.2 Entwicklung verteilter Anwendungen mit SSONET

Die SSONET-Architektur bietet dem Entwickler verteilter Anwendungen einfach zu handhabende und doch mächtige Möglichkeiten, die Kommunikation einer verteilten Java-Anwendung zu sichern. Dazu werden die von

SSONET bereitgestellten Streams[16] genutzt, die sich in ihrer Handhabung nur unwesentlich von den in Java vorhandenen Streams zur entfernten Kommunikation unterscheiden, jedoch mehrseitige Sicherheit bieten.

Die Kommunikation in SSONET basiert auf dem Client-Server-Prinzip. Zu diesem Zweck gibt es die beiden Klassen *SSONETClientConnection* und *SSONETServerConnection* (siehe Abbildung 28), die im folgenden näher beschrieben werden.

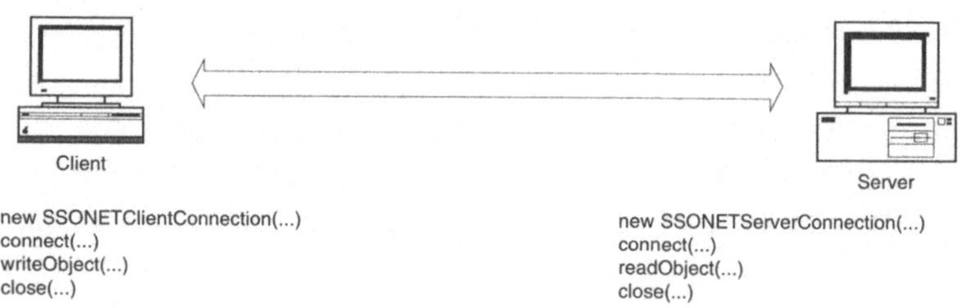

Abbildung 28: Verbindungsaufbau zwischen Client und Server

Für eine *SSONETConnection* gelten bestimmte Sicherheitseinstellungen. Es ist also zweckmäßig, innerhalb der Anwendung für verschiedene Zwecke auch unterschiedliche Verbindungen zu verwenden und diese entsprechend

[16] Streams (Datenströme) sind Objekte, die Methoden zum Lesen und Schreiben einzelner Bytes bereitstellen. In Java stellen Eingabeströme die Methoden *read, skip* und *available* bereit, Ausgabeströme die Methoden *write, flush, close.*

zu konfigurieren. Konfiguriert werden diese einzelnen Aktionen mit Hilfe der Klasse *ApplicationConfiguration.*

Als Beispiel dient die Interaktion zwischen einem Sender, der eine Nachricht vom Objekttyp Produktverzeichnis anfordert und erhält. Üblicherweise würde das in Java folgendermaßen realisiert werden:

```
// Verbindung erzeugen
Socket echoSocket = new Socket("server.somewhere.com", 7777);
out = new ObjectOutputStream(echoSocket.getOutputStream());
in = new  ObjectInputStream(echoSocket.getInputStream()));

// Anforderung abschicken
out.writeObject(textRequest);

// Angeforderte Daten lesen
Produktverzeichnis katalog = (Produktverzeichnis) in.readObject();

// Verbindung abbauen und Streams schließen
// ...
```

Die Serverseite wird entsprechend realisiert. Will der Nutzer nun die zu übertragenden Daten z. B. verschlüsseln, ist vor jedem *writeObject()* die entsprechende Verschlüsselungsfunktion auf das Objekt anzuwenden und nach jedem *readObject()* zu entschlüsseln. Diese Aufgabe übernimmt die SSONET-Architektur, indem sie Objektströme mit transparent eingebundener Sicherheit anbietet. Die im obigen Beispiel dargestellte Funktionalität würde in SSONET folgendermaßen realisiert:

```
// Verbindung erzeugen
SSONETClientConnection ssonetClientConnection =
        new SSONETClientConnection("Client", KATALOG, new
JFrame(), remoteHost, 2000);
// Verbindung herstellen, liefert In/Out-Stream
IOStream ioStream = ssonetClientConnection.connect();

// Anforderung abschicken
ioStream.writeObject(textRequest);

// Angeforderte Daten lesen
Produktverzeichnis katalog = (Produktverzeichnis)
ioStream.readObject();

// Verbindung abbauen und Stream schließen
..
```

Das Konfigurieren der Aktion kann direkt vor dem Herstellen der Verbindung erfolgen oder auch zeitversetzt (z. B. über einen Menüpunkt).

```
// Variablendefinition
String appDescription="Client";
String actionDescription="Katalog anfordern";
int actionID = KATALOG;
SSONETConstraint allEqual = new SSONETConstraint(3, 3, 3, 3);
SSONETConstraint allMin = new SSONETConstraint(0, 0, 0, 0);
SSONETConstraint allMax = new SSONETConstraint(6, 6, 6, 6);

// Aktion konfigurieren
ApplicationConfiguration.configureTransaction(null, appDescription,
actionDescription,
        actionID, allEqual, allMin, allMax);
```

7.3 Einbindung von Mechanismen

Die Kommunikation zwischen Client und Server in der SSONET-Architektur findet über Streams statt. Jedes konfigurierbare Schutzziel kann die SSONET-Architektur durch zwischengeschaltete Mechanismen umsetzen.

Jeder Sicherheitsmechanismus implementiert das Interface *IOStream* und stellt so die Methoden *readObject* und *writeObject* für bidirektionale Filterung bereit. Bei Algorithmen zur Verschlüsselung werden z. B. alle mit *readObject* gelesenen Objekte entschlüsselt und alle mit *writeObject* geschriebenen Objekte verschlüsselt. *IOStreams* haben die Eigenschaft, Objekte **transparent** zu behandeln: Die Objekte werden so mit *readObject* empfangen, wie sie mit *writeObject* gesendet wurden, ganz gleich ob sie zwischendurch signiert, verschlüsselt oder anonymisiert waren.

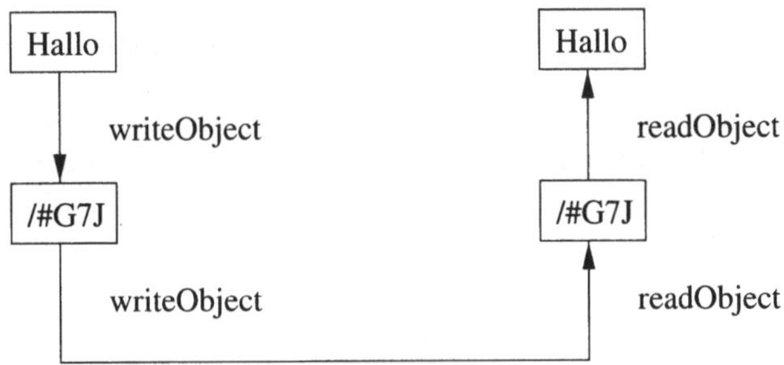

Abbildung 29: Transparenter Mechanismus

Eine weitere Eigenschaft von *IOStreams* ist, dass sie **kaskadierbar** sind. Sie wirken wie Filter, die ein Objekt von einer höheren Ebene empfangen, verarbeiten und nach unten als verändertes Objekt weiterreichen. Beim Empfänger werden sie in umgekehrter Reihenfolge invers bearbeitet, so dass die für die Übertragung erforderliche Kodierung vor der Anwendung verborgen bleibt.

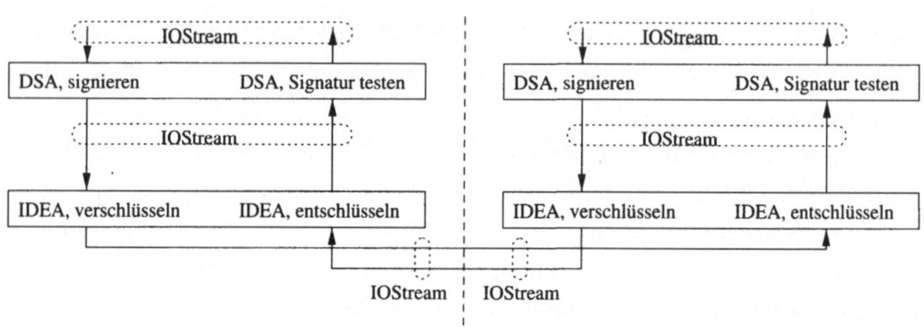

Abbildung 30: Kaskade von 2 Mechanismen (Verschlüsselung und Digitale Signatur)

Beim Start der Grundkonfiguration (also zur Laufzeit) werden alle installierten Sicherheitsmechanismen erkannt und können durch den Benutzer in die jeweiligen Präferenz-Listen eingeordnet werden.

Die SSONET-Architektur behandelt die Sicherheitsmechanismen abstrakt und ist dadurch leicht anpassbar an künftige, verbesserte Schutzmechanismen. Die allgemeine Schnittstelle wird zum einen über das bereits erwähnte Interface *IOStream* erreicht, zum anderen durch das Interface *Mechanism.* Folgende Methoden werden durch das Interface *Mechanism* bereitgestellt:

1. *getModes* zur Abfrage der erlaubten Betriebsarten,
2. *getDefaultConfiguration* zur Feststellung der Voreinstellung,
3. *configDetail* für den mechanismenspezifischen Dialog zur Detailkonfiguration und für die Hilfe/Information,
4. *encrypt* und *decrypt* zur Ermittlung plattformspezifischer Leistungsdaten,
5. *init* für die letzte Phase der Aushandlung, die mechanismenspezifische Parameter umfasst.

Ein wesentliches Kriterium beim Entwurf der Architektur war die einfache Handhabbarkeit sowohl durch Anwender als auch Entwickler. Die Architektur muss daher leicht anpassbar an künftige Entwicklungen und kompatibel zu bestehenden Schnittstellen sein. Sie erreicht einen Teil ihrer Anpassbarkeit an künftige kryptographische Mechanismen dadurch, dass diese dynamisch ergänzt werden können.

7.4 Anwendungsanbindung

Es bestehen zwei Möglichkeiten, Anwendungen an die SSONET-Architektur anzubinden:

1. über die konfigurierbare, transparente Schnittstelle der Architektur und
2. anwendungsunabhängig über einen Proxy, der die Konfiguration von Schutzzielen übernimmt.

Die erste Möglichkeit wird durch unser Teleshoppingbeispiel (siehe Kapitel 1.3) genutzt. Transparent bedeutet dabei, dass die Schnittstelle unabhängig von den ausgehandelten und durch die Architektur verwirklichten Schutzzielen arbeitet. Die zweite Möglichkeit besteht für Protokolle vorhandener Client-Server-Anwendungen.

7.4.1 Direkte Anbindung an die Anwendungsschnittstelle (API)

Die SSONET-Architektur stellt eine Schnittstelle zur Anwendungsanbindung (API) zur Verfügung, die der gewöhnlichen Netzschnittstelle sehr ähnelt. Der Anwendungsentwickler kann anstelle von java.net.Socket bzw. java.net.ServerSocket die Klassen ssonet.SSONETClientConnection bzw. ssonet.SSONETServerConnection zum Verbindungsaufbau verwenden. Jede Verbindung über die SSONET-Klassen stellt konfigurierbare Sicherheit zur Verfügung, die beim Verbindungsaufbau ausgehandelt wird. Die Konfiguration erfolgt auf mehreren Ebenen:

1. Schutzzielebene (Soll Vertraulichkeit, Anonymität, Integrität oder Zurechenbarkeit umgesetzt werden?),
2. Mechanismenebene (Wenn ein Schutzziel umgesetzt wird, welche konkreten Mechanismen stehen dürfen dafür verwendet werden?) und
3. Mechanismendetailebene (Diese Ebene wird von jedem Mechanismus autonom umgesetzt und umfasst spezifische Details wie z. B. Schlüssellänge, Betriebsart, Rundenzahl, Gateway-Adressen, Provider, spezielle Implementierungen usw.)

Über die Klasse *smi.AppConf.ApplicationConfiguration* stellt die SSONET-Architektur einen Dialog bereit, die sog. Anwendungskonfiguration, mit dem sich Schutzziele (die 1. Ebene) konfigurieren lassen. Damit sich in einer Anwendung gleichzeitig für verschiedene Kommunikationsaktionen unterschiedliche Schutzziele konfigurieren lassen, kann beim Aufruf des Dialogs eine Aktionsklasse (ein Parameter zur Klassenidentifikation vom Typ *int*) zugeordnet werden. Jede Aktionsklasse kann dann auf Schutzzielebene getrennt konfiguriert werden. Dabei ist zu beachten, dass dieser Aufruf für jede Kommunikationsaktion der Anwendung auszuführen ist. Die Konfiguration der Mechanismen (2. und 3. Ebene) erfolgt über eine separate Anwendung – die Grundkonfiguration.

7.4.2 Anwendungsunabhängige Protokollsicherung

Protokolle können anwendungsunabhängig gesichert werden, indem die Architektur als (verteilt arbeitender) Proxy betrieben wird. Im Sinne der SSONET-Architektur gibt es dann eine verteilte Anwendung, bestehend aus Client-Proxy und Server-Proxy.

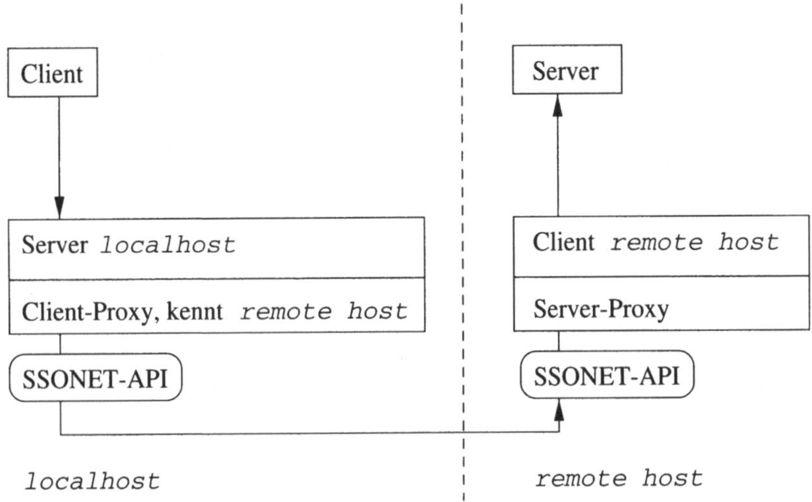

Abbildung 31: Ein verteilter Proxy übernimmt den Schutz der Client-Server-Verbindung

Bei der anwendungsunabhängigen Protokollsicherung können Anwendungen unverändert über solche Proxys geschützt werden. Die Kommunikation bestehender Anwendungen kann dann transparent gesichert werden. Die Konfiguration der Schutzziele wird durch die Proxys unterstützt. Der eigentliche, unmodifizierte Client verbindet sich nicht direkt mit dem Server, sondern mit dem Client-Proxy, der wie ein lokaler Server fungiert, aber die Anfragen über das SSONET-API an den Server-Proxy weiterleitet. Die Proxys ermöglichen die Konfiguration der Schutzziele beider Seiten, indem sie die Dialoge über das SSONET-API aufrufen. Beim Verbindungsaufbau handelt die SSONET-Architektur die Schutzziele anhand dieser Konfigurationen implizit aus. Die Proxys sind an das jeweils zu unterstützende Protokoll anzupassen.

Für die anwendungsunabhängige Protokollsicherung muss demnach ein verteilt arbeitender Proxy implementiert werden, der an einem bestimmten Port lauscht und eingehende Daten über einen anderen Port ausgibt. Im Unterschied zur Anwendungsanbindung mittels API bleibt aber offen, wer dies implementiert. Einerseits kann es durch den Entwickler der Anwendung geschehen (der also zur Sicherung SSONET benutzen will), andererseits können auch SSONET-Entwickler für verschiedene Protokolle Proxys zur Verfügung stellen.

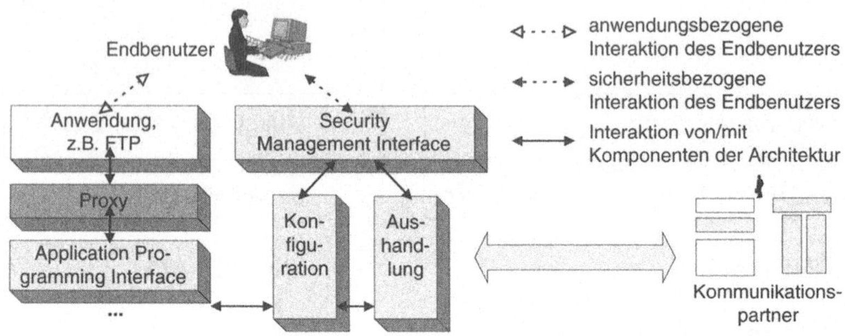

Abbildung 32: Proxy mit Schnittstelle für Standardprotokoll

Folgender Unterschied ergibt sich für den Endbenutzer: Die Einstellungen für die Kommunikationssicherheit sind nicht in der eigentlichen Anwendung, sondern in der Anwendungskonfiguration des Proxys vorzunehmen. Im allgemeinen analysiert der Proxy das Protokoll nicht und kann daher auch nur eine Aktionsklasse für jeden belauschten Port konfigurieren.

Im Prototypen wurde die anwendungsunabhängige Protokollsicherung am Beispiel von FTP und TELNET realisiert. Die Architektur könnte auch noch weitere Protokolle wie z. B. SMTP auf diese Weise unterstützen.

8 Validierung – Durchführung eines Usability-Tests

Um die Arbeit zu validieren, ist es wichtig, detaillierte Rückmeldungen von (potenziellen) Nutzern über die generelle Akzeptanz einerseits und die während der Nutzung (Interaktion) auftretenden Probleme andererseits zu erhalten. Um das zu erreichen, wurde ein Benutzbarkeitstest (usability test) mit verschiedenen Gruppen von Nutzern (sowohl Sicherheitsexperten als auch Nutzern, die keine speziellen Kenntnisse/Erfahrungen mit Sicherheitsproblemen oder -einstellungen haben) durchgeführt.

Testgegenstand ist die im Kapitel 2.4 und auf der beigefügten CD vorgestellte Benutzungsoberfläche zur Konfigurierung von Schutzzielen. Im Lauf der Arbeit wurde angestrebt, Aussagen über ihre Benutzbarkeit von zwei verschiedenen Nutzergruppen (siehe Kapitel 8.2) zu erhalten. Es wurde darauf verzichtet, einen vergleichenden Test zweier verschiedener Benutzungsoberflächen (sowohl zweier eigener Prototypen als auch eines Prototypen mit einem existierenden Produkt) durchzuführen.

Ein weitergehendes Ziel des Prototypen ist es, potenzielle Nutzer zu sensibilisieren und deutlich zu machen, dass Nutzer in die Lage versetzt werden können, ihre eigenen Entscheidungen über Schutzziele, mit denen sie ihre rechnervermittelte Kommunikation schützen wollen, zu treffen.

8.1 Vorbereitung und Durchführung

Voraussetzung für die Durchführung des Nutzbarkeitstests ist neben der Existenz des zu testenden Prototypen die Auswahl von geeigneten Probanden, von Validierungskriterien und Testmethoden und die Vorbereitung der notwendigen Hilfsmittel. Darüber hinaus sind natürlich organisatorische Fragen zu klären und notwendige Software und der Prototyp in der Testumgebung zu installieren, sowie die Auswertung des Tests so weit wie möglich vorzubereiten. Nachdem die Vorbereitung weitestgehend abgeschlossen war, wurde mit zwei Personen ein Einzeltest durchgeführt, um die zuvor abgeschätzte Zeit der Versuchsdauer zu überprüfen.

In den folgenden Kapiteln wird ausführlich auf die im Rahmen der Versuchsvorbereitung und Versuchsdurchführung getroffenen Entscheidungen eingegangen.

8.2 Probanden

Die erarbeitete Oberfläche sollte durch zwei wesentliche Nutzergruppen getestet werden. Einerseits durch mit Sicherheit eher wenig (aber aus individuellem Interesse voraussichtlich unterschiedlich) vertraute Nutzer (sog. *Sicherheitslaien/-einsteiger*) und andererseits durch mit Sicherheit vertraute Nutzer (sog. *Sicherheitsexperten*). Grundsätzlich sollten alle Probanden eine Grunderfahrung im Umgang mit Computern besitzen und regelmäßig rechnervermittelt kommunizieren.

Entsprechend diesen Anforderungen und den organisatorischen Möglichkeiten in der Fakultät Informatik der TU Dresden und mit der Arbeitsgruppe des Ladenburger Kollegs „Sicherheit in der Kommunikationstechnik“ wurden folgende Gruppen von Probanden zum Test herangezogen:

1. Mitarbeiter (und Assoziierte) des Ladenburger Kollegs (Doktoranden)
2. Studenten des Proseminars „Rechnernetze“ (4. Semester)
3. Studenten des Proseminars „Kryptographische Grundlagen der Datensicherheit“ (4. Semester)
4. Studenten des Praktikums „Kryptographie“ (6. Semester).

Dabei wurden zunächst die Probanden der Gruppen 1 und 4 als Experten (bzw. angehende Experten) und die Gruppen 2 und 3 als Einsteiger im Sicherheitsbereich eingestuft. Eine genauere Charakterisierung wurde aufgrund der Auswertung von Teil 1 des Fragebogens möglich (siehe Kapitel 8.9.1).

Insgesamt konnte mit der Teilnahme von ca. 30 bis 40 Probanden gerechnet werden.

8.3 Validierungskriterien und Testmethoden

8.3.1 Validierungskriterien

Bei der Validierung einer Benutzungsoberfläche ist wichtig zu entscheiden, welche Eigenschaften/Merkmale des Systems durch den Test bewertet werden sollen. In verschiedenen Normen und Standardwerken der Mensch-Maschine-Interaktion sind bereits Sammlungen von Kriterien vorhanden. In [Shne_92] werden z. B. die folgenden fünf Kriterien als wesentlich für die Bewertung von Systemen bzw. Benutzungsoberflächen genannt:

- Zeit zum Erlernen: Wie lange benötigen typische Mitglieder der Nutzergemeinschaft, um die relevanten Befehle für einen Aufgabensatz zu lernen? (Methode: Zeitmessungen, Fragebogen)
- Durchführungsgeschwindigkeit: Wie lange dauert es, Benchmark-Aufgaben auszuführen? (Methode: Aufgaben)
- Nutzer-Fehlerrate: Wieviele und welche Fehler werden während der Bearbeitung der Benchmark-Aufgaben gemacht? (Methode: Log-Dateien, Videoaufzeichnungen, Überprüfung der vorgenommenen Einstellungen)
- Merkfähigkeit über Zeiträume: Wie gut behalten Nutzer ihr Wissen nach einer Stunde, einem Tag oder einer Woche?
- Subjektive Zufriedenheit: Wie sehr gefielen den Nutzern verschiedene Aspekte des Systems? (Methode: Interview oder Fragebogen)

In der DIN-Norm 66234 Teil 8 [DIN_88] bzw. der ISO-Norm 9241 Teil 10 [ISO_91] werden folgende Kriterien ausgewählt (in Klammern ist die Bezeichnung des Kriteriums in der ISO-Norm angegeben):

- Aufgabenangemessenheit (Suitability for the task): Ein Dialog ist aufgabenangemessen, wenn er die Erledigung der Arbeitsaufgabe des Benutzers unterstützt, ohne ihn durch Eigenschaften des Dialogsystems unnötig zu belasten [DIN_88].
- Selbstbeschreibungsfähigkeit (Self-descriptiveness): Ein Dialog ist selbstbeschreibungsfähig, wenn dem Benutzer auf Verlangen Einsatzzweck sowie Leistungsumfang des Dialogs erläutert werden können und

wenn jeder einzelne Dialogschritt unmittelbar verständlich ist oder er auf Verlangen dem jeweiligen Dialogschritt entsprechende Erläuterungen erhalten kann [DIN_88].

- Steuerbarkeit (Controllability): Ein Dialog ist steuerbar, wenn der Benutzer die Geschwindigkeit des Ablaufs sowie die Auswahl und Reihenfolge von Arbeitsmitteln oder Art und Umfang von Ein- und Ausgaben beeinflussen kann [DIN_88].
- Erwartungskonformität (Conformity with user expectations): Ein Dialog ist erwartungskonform, wenn er den Erwartungen der Benutzer entspricht, die sie aus Erfahrungen mit bisherigen Arbeitsabläufen oder aus der Benutzerschulung mitbringen sowie den Erfahrungen, die sie sich während der Benutzung des Dialogsystems und im Umgang mit dem Benutzerhandbuch bilden [DIN_88].
- Fehlerrobustheit (Error tolerance): Ein Dialog ist fehlerrobust, wenn trotz erkennbar fehlerhafter Eingaben das beabsichtigte Arbeitsergebnis mit minimalem oder ohne Korrekturaufwand erreicht wird. Dazu müssen den Benutzer die Fehler zum Zwecke der Behebung verständlich gemacht werden [DIN_88].
- Individualisierbarkeit (Suitability of individualization) [ISO_91, deutsche Übersetzung aus EbOO_94]: Dialogsysteme unterstützen die Individualisierbarkeit, wenn sie so konstruiert sind, dass die Anpassung an die individuellen Bedürfnisse und Fähigkeiten des Benutzers ermöglicht wird.
- Erlernbarkeit (Suitability for learning) [ISO_91, deutsche Übersetzung aus EbOO_94]: Dialogsysteme unterstützen die Erlernbarkeit, wenn sie den Benutzer durch den Lernprozess führen und die dabei aufzuwendende Lernzeit minimieren. Reduzierung der Komplexität und Erhaltung der Konsistenz sind hierfür die Voraussetzungen.

In der ISO 9241 Teil 11 [ISO_97] werden die folgenden 3 Kriterien unterschieden:

- Effektivität: Maße der Effektivität setzen die Ziele oder Teilziele des Benutzers ins Verhältnis zur Genauigkeit und Vollständigkeit, mit der er diese Ziele erreichen kann.
- Effizienz: Maße der Effizienz setzen den erreichten Grad der Effektivität ins Verhältnis zum Aufwand an Ressourcen.
- Zufriedenheit: Maße der Zufriedenheit beschreiben das Ausmaß, in dem Benutzer von Beeinträchtigungen frei sind und ihre Einstellungen zur Nutzung des Produkts.

8.3.2 Testmethoden

Grundsätzlich wird danach unterschieden, ob eine Evaluation projektbegleitend (formativ) oder nach Abschluss eines Projektes (summativ) durchgeführt wird [EbOO_94]. Im vorliegenden Fall wurde eine summative Evaluation durchgeführt, die jedoch nicht ausschloss, dass entsprechend der Ergebnisse Verbesserungen im System implementiert werden.

Zwischen vier wesentlichen Gruppen von Evaluationsmethoden wird in [OpRe_94] unterschieden, deren Vor- und Nachteile in Tabelle 17 zusammengefasst sind.

- *subjektive Evaluationsmethoden*: Die Quelle der Evaluation ist die Beurteilung durch den Benutzer. Es werden „weiche“ Daten gewonnen, die aussagen, ob ein System angenehm, klar, einsichtig, etc. ist.
- *objektive Evaluationsmethoden*: Es wird versucht, subjektive Einflüsse weitestgehend auszuschalten. Häufig angewendet wird Protokollierung (beobachtende oder technisch unterstützte).
- *leitfadenorientierte Evaluationsmethoden*: Eine Zwischenstufe zwischen subjektiven und objektiven Evaluationsmethoden. Entsprechend der in einem Prüfleitfaden festgeschriebenen Prüfkriterien und -methoden evaluiert ein Experte ein EDV-System.
- *experimentelle Evaluationsmethoden*: Dienen zum Test bestimmter Hypothesen und spielen daher beim Testen von Theorien im Forschungsbereich eine große Rolle.

Evaluationsmethoden	Vorteile	Nachteile
subjektiv	– Rückschlüsse bezüglich der Akzeptanz möglich – wenig aufwendig und leicht durchführbar – Einkreisung unstrukturierter Probleme möglich	– anfällig für Übertreibungen – repräsentativer Querschnitt an Probanden nötig – Gefahr hoher Ausfallquoten beim schriftlichen Rücklauf – Suggestionen durch Fragestellung gefördert – mitunter aufwendige Auswertung der vielen anfallenden Daten
objektiv	– Aspekte, die sich der Beurteilung durch den Benutzer entziehen, können evaluiert werden – subjektive Einflüsse werden ausgeschaltet – Daten können gut für Verallgemeinerung verwendet werden	– aufwendig durchzuführen
leitfadenorientiert	– relativ geringer Durchführungsaufwand – liefert nachvollziehbare Ergebnisse	– begrenzt auf objektivierbare Kriterien mit bekannten Kriteriumswerten – setzt qualifizierten Evaluator voraus
experimentell	– lassen Kausalschlüsse über die Art der Mensch-Rechner-Interaktion zu – können Beitrag zur Theoriebildung liefern	– sehr hoher Aufwand nötig – Ergebnisse nur mit großem Vorbehalt generalisierbar – in der Regel nur in Untersuchungslabors durchführbar

Tabelle 17: Evaluationsmethoden

8.3.3 Ausgewählte Kriterien und angewandte Methoden

Aufgrund der Merkmale der einzelnen Evaluationsmethoden (siehe Tabelle 17) und der Zielstellung, eine Benutzungsoberfläche im wesentlichen auf ihre Benutzbarkeit und Akzeptanz zu testen, wurde entschieden, eine Kombination aus subjektiven und objektiven Evaluationsmethoden anzuwenden.

In Tabelle 18 wird ein Überblick über die Werkzeuge dieser Methoden gegeben.

Methodenart **Evaluationsgegenstand**	**subjektiv**	**objektiv**
Benutzer	*Ziel*: Erfassen von Benutzereigenschaften *Methode*: Befragung *Werkzeug*: Fragebogen, Interviewleitfaden	
Benutzungsschnittstelle der Software	*Ziel*: Erfassen der Benutzerakzeptanz *Methode*: Befragung *Werkzeug*: Fragebogen, Interviewleitfaden	*Ziel*: Erfassen der ergonomischen Qualität der Software *Methode*: Beobachtung *Werkzeug*: Logfilerecording, Videoaufzeichnung

Tabelle 18: Kombinierbare Evaluationsmethoden und Werkzeuge(Ausschnitt) [OpRe_94]

Für die in Tabelle 19 genannten Kriterien – ausgewählt aus den oben genannten Validierungskriterien – sollten durch den Nutzbarkeitstest Aussagen gemacht werden können. Die Methoden und Werkzeuge wurden entsprechend ihrer Anwendbarkeit und Nützlichkeit ausgewählt.

Durch Beobachtung sollte weiterhin die Geschwindigkeit der Ausführung von Aufgaben (Speed of Performance) festgestellt werden. Dazu musste eine Aufgabenstellung erarbeitet werden, die alle Probanden im Rahmen der Versuche zu lösen hatten.

Kriterium	**Methode**	**Werkzeug**
Benutzer	subjektiv	Fragebogen
Benutzungsschnittstelle		
Zufriedenheit	subjektiv	Fragebogen, Interview
Aufgabenangemessenheit	subjektiv	Fragebogen, Interview
Selbstbeschreibungsfähigkeit	subjektiv	Fragebogen, Interview
Fehlerrobustheit	subjektiv + objektiv	Fragebogen, Log-Dateien
Erlernbarkeit	subjektiv + objektiv	Fragebogen, Interview, Log-Dateien
Effizienz	subjektiv	Fragebogen, Interview

Tabelle 19: Angewandte Evaluationskriterien mit Testmethoden und Werkzeugen

8.4 Aufgabenstellung

Es wurde ein Aufgabenblatt erarbeitet, das eine Anleitung für die Durchführung des Versuchs bot. Der erste Teil des Aufgabenblatts enthält eine Beschreibung des Anwendungsszenarios, in das sich die Probanden (auch mit Hilfe der Testanwendung) versetzen sollen. Mit Bezug auf diese Situationsbeschreibung werden die Probanden aufgefordert, sich individuell mit der Benutzungsoberfläche zu beschäftigen, bis sie glauben, mit dem System umgehen zu können. Daran anschließend werden drei konkrete Aufgaben gestellt, die mit Hilfe des Systems gelöst werden sollen. Die Aufgaben sind an die mittels der Benutzungsoberfläche zu leistenden Tätigkeiten angepasst. Der Schwierigkeitsgrad der Aufgaben (und dementsprechend der detailliertere Nutzungsgrad der Oberfläche) erhöht sich von Aufgabe zu Aufgabe. Die Ergebnisse der Aufgaben werden in einer Log-Datei (siehe Kapitel 8.7) gespeichert, um bei der Auswertung Aussagen über die Fehlerrate der Nutzer machen zu können. Nach der Lösung der Aufgaben wird der Proband aufgefordert, den beiliegenden Fragebogen auszufüllen. Die Aufgabenstellung befindet sich auf der beiliegenden CD (Datei Aufgabenstellung.pdf im Pfad \zum Buch\Usability Test\).

8.5 Fragebogen

Um einige der im Kapitel 1.1 genannten und für den Test ausgewählten Kriterien bewerten zu können, wurde ein Fragebogen erstellt. Dazu wurde das in [Shne_92, S. 488 bis 493] abgedruckte Beispiel genutzt und entsprechend den eigenen Bedürfnissen überarbeitet. Ein vollständiges Exemplar des verwendeten Fragebogens befindet sich auf der beiliegenden CD (Pfad \zum Buch\Usability Test\, Datei Fragebogen.pdf), hier wird er auszugsweise in Abbildung 33 und Abbildung 34 abgebildet.

Teil 1: Erfahrung

...

1.6 Haben Sie sich schon mit den Sicherheitseinstellungen Ihres WWW-Browsers beschäftigt?

__ nein __ ja

Netscape __ angesehen __ Änderungen vorgenommen

Internet Explorer __ angesehen __ Änderungen vorgenommen

1.7 Haben Sie schon Ihre E-Mail verschlüsselt oder digital signiert?

verschlüsselt: __ ja, mit __________ __ nein

signiert: __ ja, mit __________ __ nein

1.8 Kreuzen Sie von folgender Software, Geräten und Konzepten bitte die an, die Sie selbst benutzt haben:

__ PGP __ SmartCards __ Verschlüsselung

__ PEM __ TrustCenter __ ...

1.9 Welche der folgenden Anonymisierungssysteme haben Sie schon benutzt?

__ Anonymizer

__ Onion Routing

__ ...

Abbildung 33: Fragebogen, Teil 1: Erfahrung der Probanden (Auszug)

Der Fragebogen unterteilt sich in einen Teil zur Selbsteinschätzung der eigenen Erfahrung durch die Probanden (Abbildung 33) und in einen Teil zur

Bewertung der Benutzungsoberfläche (Abbildung 34). Zur Vorlage hinzugefügt wurden einige Fragen im Fragenkomplex 1 zur Selbsteinschätzung der Kenntnisse im Bereich Kommunikationssicherheit, weiterhin wurden Fragen zur Bewertung der Benutzungsoberfläche hinzugefügt, entfernt oder an die Problematik der Sicherheitskonfigurierung und des speziellen Systems angepasst.

Teil 2: Bildschirm und Dialoge

2.1 War das Bildschirmlayout hilfreich?	niemals				immer	
	1	2	3	4	5	NZ
...						
2.2 Waren Hervorhebungen hilfreich?	überhaupt nicht				sehr	
	1	2	3	4	5	NZ
...						

Teil 3: Terminologie und Systeminformationen

3.1 Passen die Begriffe zur Arbeit im System?	unpassend				gut passend	
	1	2	3	4	5	NZ
...						
3.2 Meldungen, die auf dem Bildschirm erscheinen	inkonsistent				konsistent	
	1	2	3	4	5	NZ
...						

Teil 4: Erlernen

4.1 Lernen, das System zu benutzen	schwierig				einfach	
...	1	2	3	4	5	NZ
4.2 Erforschung von Funktionen durch „Trial and error“	langsam				schnell	
	1	2	3	4	5	NZ
...						

Teil 5: Fähigkeiten des Systems

5.1 Geschwindigkeit des Systems	zu langsam				schnell genug	
...	1	2	3	4	5	NZ

Abbildung 34: Fragebogen zum Test der Nutzerinteraktion, Teile 2-5 (Auszug)

Es wurde die in der Vorlage von [Shne_92] verwendete Mittenzentrierung der Antwortskala beibehalten, jedoch um einige Werte auf eine Skala von 1 bis 5 gekürzt. Zusätzlich zu den geschlossenen Fragen (Fragenkomplexe 2 bis 6) wurde auch Raum für Kommentare gelassen (offene Fragen, siehe Fragenkomplexe 6 und 7), da so ein Feedback über nicht vorgegebene Bewertungskriterien möglich wurde.

Der Fragebogen war zur Beantwortung durch alle Teilnehmer vorgesehen. In Tabelle 20 ist aufgestellt, welche Fragebogenteile für die Bewertung welcher Kriterien herangezogen worden sind.

Kriterium	Entsprechende Fragen im Fragebogen
Zufriedenheit	2, 6
Aufgabenangemessenheit	3, 4.3, 4.4
Selbstbeschreibungsfähigkeit	3
Fehlerrobustheit	3.3, 3.5, 5.2
Erlernbarkeit	4
Effizienz	5

Tabelle 20: Zuordnung der Fragebogenteile zu den Bewertungskriterien

8.6 Interview

Während der Versuche wurden in an die individuelle Arbeit mit dem System und das Ausfüllen der Fragebögen anschließenden Interviews mit ausgewählten Probanden Meinungen, Anregungen, Hinweise und Störfaktoren erfragt. Dazu wurden Einzelinterviews mit wenigen herausgegriffenen Probanden durchgeführt. Vorbereitet wurde ein Interview in Trichterstruktur, in dem, beginnend mit allgemeinen Fragen, nach und nach immer speziellere Fragen gestellt wurden. Es wurden offene Fragestellungen verwendet, um die Probanden dazu zu bringen, ausführlich zu antworten. Die folgenden Fragen dienten als Gerüst der durchgeführten Interviews:

1) Wie sind Sie mit dem System zurecht gekommen?
2) Stellen die Oberflächen aus Ihrer Sicht eine Lösungsmöglichkeit dar, mit der Nutzer Sicherheit konfigurieren können (und werden)?

3) Fanden Sie die Unterteilung nach Einsteigern und Experten hilfreich?
4) War die Unterteilung nach Privatheit und Korrektheit hilfreich bzw. akzeptabel? War die Zuordnung von Schutzzielen zu Privatheit und Korrektheit nachvollziehbar?
5) Wie ist Ihre Meinung zu den Deaktivierungen aufgrund der Plausibilitätseigenschaften zwischen Schutzzielen?
6) Haben Sie bei der Benutzung des Systems eine Vorstellung darüber entwickeln können, wie die Sicherheitsstufen (hoch/mittel/niedrig) auf die einzelnen Schutzziele abgebildet werden? War diese Abbildung nachvollziehbar?

Ausführliche Informationen über den Aufbau und das Vorgehen von Interviews sind u. a. in [Alte_92], [Davi_97] zu finden.

8.7 Log-Dateien

Um einschätzen zu können, ob die Benutzer bei der Lösung der Aufgabenstellungen (und dementsprechend auch bei der individuellen Arbeit mit dem System) tatsächlich die gewünschten Ergebnisse erreichen, wurden die vorgenommenen Einstellungen in Log-Dateien abgespeichert. Hierbei wurde bewusst die Entscheidung getroffen, nicht das gesamte Verhalten der Benutzer (inklusive Fehlversuche und Korrekturen) aufzuzeichnen (z. B. Videoaufzeichnungen), sondern nur die Endergebnisse der jeweiligen Arbeitsabläufe abzuspeichern und zur Auswertung heranzuziehen. Die Auswertung der durch Videoaufzeichnungen angefallenen Daten wäre im Rahmen der vorliegenden Arbeit nicht zu bewältigen gewesen. Es wurde weiterhin angenommen, dass die Komplexität des Systems noch gering genug ist, um von den Probanden Rückmeldungen über evtl. kompliziert gestaltete Aufgabenführung bei der Beantwortung der Fragebögen und der Interviews zu erhalten. Bei der Gestaltung der Fragebögen und Auswahl der Interviewfragen wurde darauf besonderes Augenmerk gelegt.

Die Log-Dateien sollten – wie aus Tabelle 20 ersichtlich – zur Bewertung der Kriterien Fehlerrobustheit und Erlernbarkeit herangezogen werden und die durch Fragebögen und Interviews erhaltenen Rückmeldungen untermauern. In Abbildung 35 ist ein Ausschnitt aus der Musterlösung für die Log-Dateien angegeben.

```
Teleshopping: MEDIUM
Informationen einholen: MEDIUM
Geschäftsabwicklung: HIGH
Kataloganforderung: MEDIUM
Preisauskunft: MEDIUM
Bestellung: HIGH
Lieferbestätigung: HIGH
Warensendung: HIGH
Rechnung: HIGH
Zahlung: HIGH
Zahlungsquittung: HIGH
<------------------------------>
Teleshopping: MEDIUM
Informationen einholen: MEDIUM
Geschäftsabwicklung: 0,3,0,3,6,0,3,6,3,0,3
Kataloganforderung: MEDIUM
Preisauskunft: MEDIUM
Bestellung: 0,3,0,3,6,0,3,6,3,0,3
Lieferbestätigung: 0,3,0,3,6,0,3,6,3,0,3
Warensendung: 0,3,0,3,6,0,3,6,3,0,3
Rechnung: 0,3,0,3,6,0,3,6,3,0,3
Zahlung: 0,3,0,3,6,0,3,6,3,0,3
Zahlungsquittung: 0,3,0,3,6,0,3,6,3,0,3
<------------------------------>
```

Abbildung 35: Musterlösung in Log-Datei (Ausschnitt)

8.8 Durchführung

Als Versuchsumgebung wurden PCs mit Windows NT verwendet. Als Anwendungsszenario (Nutzungskontext) wurde die Abwicklung von Einkaufsaktionen über das digitale Katalogsystem (vgl. Abbildung 3) verwendet, in das die Oberflächen zur Sicherheitskonfigurierung integriert wurden.

Um die Probanden in die Problemstellung, den Versuch und dessen Ziel einzuführen, wurde ein fünfminütiger Kurzvortrag gehalten. Anschließend beschäftigten sich die Probanden individuell über einen ebenfalls individuell festgelegten Zeitraum mit dem System. Nachdem sie sich dazu in der Lage fühlten, sollten die Aufgaben vom Aufgabenblatt gelöst und anschließend der Fragebogen ausgefüllt werden. Mit einzelnen Probanden wurde abschließend ein Interview durchgeführt.

Insgesamt nahmen 39 Personen an den Versuchen teil, die sich wie in Tabelle 21 dargestellt gruppierten.

Gruppe	Gruppenstärke
Mitarbeiter (und Assoziierte) des Ladenburger Kollegs (Doktoranden im Bereich Informatik und Psychologie)	15 Personen
Studenten des Proseminars „Rechnernetze“	12 Personen
Studenten des Proseminars „Kryptographische Grundlagen der Datensicherheit“	6 Personen
Studenten des Praktikums „Kryptographie“ (6. Semester)	6 Personen

Tabelle 21: Gruppenstärke der Versuche

Die Dauer der einzelnen Versuche bewegte sich entsprechend der Schätzung und des Vortests zwischen 60 und 80 Minuten.

8.9 Auswertung und Ergebnisse

8.9.1 Einordnung der Probanden

Laut der im Fragebogen gemachten Angaben der Probanden ergab sich, dass 82% das Internet täglich nutzen, wobei die Anwendungen WWW und E-Mail mit 67% bzw. 85% täglicher Nutzung sowie 31% bzw. 10% wöchentlicher Nutzung am häufigsten genutzt werden. 49% bzw. 46% der Probanden nutzen wöchentlich FTP und Telnet. Ein großer Teil der Probanden nutzen IRC und Usenet selten oder nie (IRC: 82%; Usenet: 66%).

Um eine Einschätzung der Erfahrung der Probanden in Sicherheitsfragen zu ermöglichen, wurde im Fragebogen erfragt, mit welchen Technologien die Probanden bisher gearbeitet haben (siehe Teil 1 im Fragebogen auf der beiliegenden CD). Dabei wurde deutlich, dass sich viele der Probanden bereits mit den Sicherheitseinstellungen ihres Browsers beschäftigt haben, z. B. haben insgesamt 69% Änderungen der Einstellungen für Netscape vorgenommen. 67% der Probanden haben bereits E-Mails verschlüsselt, 54% signiert.

Die im Internet vorhandenen Anonymitätsdienste wurden durch die Probanden eher wenig genutzt, lediglich der Anonymizer von 23% und der MIXmaster von 8%.

Interessanter wird die Auswertung der Sicherheitserfahrung bei der Betrachtung der Unterschiede zwischen den einzelnen Gruppen. Deutlich sichtbar wurde, das die Probanden der Versuchsgruppen 2 und 3 noch wenig Erfahrung im Umgang mit Sicherheitstechnik hatten und dass die Probanden der Gruppe 1 gemäß den Erwartungen mit Abstand am meisten Erfahrungen mitbrachten. Auch die Gruppe 4 hat bereits einige Erfahrungen im Sicherheitsbereich. Somit nahmen vier Probandengruppen mit unterschiedlichen Vorkenntnissen an den Versuchen teil (siehe Tabelle 22), wobei damit der Zielstellung Genüge getragen wurde, dass die Akzeptanz der Benutzungsoberfläche von Einsteigern als auch Experten bewertet werden sollte.

Gruppe	**Einstufung**
Mitarbeiter (und Assoziierte) des Ladenburger Kollegs (Doktoranden)	Sicherheitsexperten
Studenten des Proseminars „Rechnernetze“	Einsteiger
Studenten des Proseminars „Kryptographische Grundlagen der Datensicherheit“	Einsteiger
Studenten des Praktikums „Kryptographie“ (6. Semester)	angehende Sicherheitsexperten

Tabelle 22: Erfahrungen mit Sicherheitstechnik gemäß Selbstauskunft im Fragebogen

8.9.2 Bewertung des Systems

Entsprechend der für die einzelnen Kriterien durch die Probanden angegebenen Wichtungen wurden bei der Auswertung die in Tabelle 23 dargestellten Werte ermittelt. Diese besagen, dass die Nutzer mit dem System überwiegend *zufrieden* waren. Im ergänzenden Interview stellte sich heraus, dass einige der Experten befürchteten, die Benutzungsoberfläche wäre zu komplex bzw. im Detail zu umfangreich für Einsteiger. Diese Befürchtung bestätigte sich nicht – die Einsteiger kamen gut mit der Benutzungsoberfläche zurecht und hoben ihre Einfachheit lobend hervor. Die Aufgabenangemessenheit wurde leicht positiv (zwischen 3 und 4) bewertet. Die Selbstbeschreibungsfähigkeit wurde fast durchgehend mit 4 bewertet. Die Bewertung der Fehlerrobustheit lag zwischen 4 und 5. Das bestätigt sich auch durch die Auswertung der Log-Dateien.

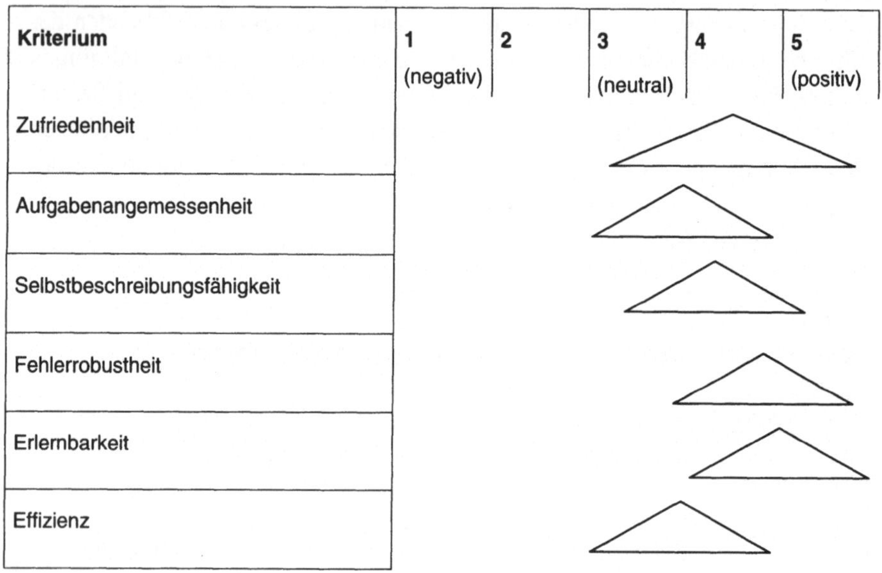

Kriterium	**1** (negativ)	**2**	**3** (neutral)	**4**	**5** (positiv)
Zufriedenheit					
Aufgabenangemessenheit					
Selbstbeschreibungsfähigkeit					
Fehlerrobustheit					
Erlernbarkeit					
Effizienz					

Tabelle 23: Bewertung des Systems durch die Probanden

Die Erlernbarkeit wurde mit 4 bis 5 sehr positiv bewertet. Die Effizienz wurde nur mittelmäßig bewertet, was zum großen Teil auf die langsame Ausführungsgeschwindigkeit zurückzuführen ist.

Wie das erweiterte Feedback in Fragebögen und Interviews zeigte, wurde von den Probanden die Oberfläche, die einfache Bedienbarkeit, die Berücksichtigung individueller Sicherheitsbedürfnisse, die detaillierten Einstellungsmöglichkeiten und einleuchtenden Standardeinstellungen insgesamt positiv bewertet. Negativ bewertet wurde die langsame Geschwindigkeit, die zum Teil verwirrenden Warnhinweise und fehlende Shortcuts für Experten. Diese wurden auch als Verbesserungsvorschläge angeregt, wie weiterhin speicherbare Sicherheitsprofile und die Auswählbarkeit von mehreren Aktionen.

8.9.3 Log-Dateien

Während der individuellen Beschäftigung mit dem System und der Lösung der Aufgaben (siehe Aufgabenblatt) wurden die vorgenommenen Einstellungen abgespeichert. Mit Hilfe der so erhobenen Daten lassen sich Aussagen dazu machen, ob die Nutzer das System verstanden haben und tatsächlich damit umgehen können.

Gruppe bzw. Versuch	**Anzahl Probanden bzw. Log-Dateien**	**richtige Lösungen**	**falsche Lösungen (ca. 30% falsch)**
Gruppe 1: Sicherheitsexperten	14 (-1)	11 78,6%	3 21,4%
Gruppe 2: Einsteiger	10 (-2)	7 70%	3 30%
Gruppe 3: Einsteiger	6	5 83,3%	1 16,7%
Gruppe 4: angehende Sicherheitsexperten	6	6 100%	- 0%
gesamt:	36	29 80,6%	7 19,4%

Tabelle 24: Fehlerrate bei der Lösung der Aufgaben

Natürlich können die gewonnenen Aussagen nur näherungsweise gelten, da Unschärfen, wie missverständliche Aufgabenformulierung, unkonzentrierte Aufgabenausführung, Bedienfehler etc., Einfluss auf die Ergebnisse gehabt haben können.

Die Anzahl der auswertbaren Log-Dateien stimmt nicht mit der Anzahl der Teilnehmer (39) überein. In der Gruppe 1 führte eine Person die Aufgaben nicht aus; in Gruppe 2 waren zwei Personen nicht mit der Speicherung ihrer Lösungen einverstanden.

Die Lösungen wurden bei der Auswertung der Log-Dateien bereits dann als falsch bewertet, wenn ca. 30% fehlerhaft waren. Das bedeutet also, dass noch zwei Drittel der Lösungen richtig waren.

9 Grenzen der Selbstbestimmung bezüglich Sicherheit

Selbstbestimmung bezüglich Sicherheit hat zwei Grenzen: Einerseits sind Endbenutzer nicht völlig selbstbestimmt in der Lage, lokal sichere Endsysteme zu benutzen, wenn diese ihnen von Markt nicht angeboten werden oder notwendige Anwendungssoftware auf den angebotenen lokal sicheren Endsystemen nicht lauffähig ist. Andererseits findet Selbstbestimmung dort Grenzen, wo Menschen in Organisationen eingebunden sind. Letzteres ist das Thema der folgenden Unterkapitel.

9.1 Eigen- und fremdbestimmte Sicherheitspolitiken

Die SSONET-Architektur wurde unter dem Blickwinkel der mehrseitigen Sicherheit – also einer *eigenbestimmten Sicherheitspolitik (discretionary policy)* – entwickelt. Menschen sind in ihrem Handeln jedoch nicht immer völlig autonom, sondern in Organisationen eingebunden. Deshalb wird in diesem Kapitel diskutiert, was SSONET in Anwendungsbereichen *fremdbestimmter Sicherheitspolitiken (mandatory policies)* leisten kann. Es gibt in SSONET bereits manche Aspekte für die hierarchische Festlegung fremdbestimmter Sicherheitspolitiken: Der Anwendungsentwickler kann beispielsweise die für den Endbenutzer auswählbaren Präferenzstufen für Schutzziele einschränken (siehe Kapitel 4.2.2). Eine rechtliche Regelung, die für eine Anwendung einen bestimmten Signaturmechanismus vorschreibt, wäre mit SSONET derzeit allerdings nicht durchsetzbar. Fremdbestimmte Sicherheitspolitiken sind mit SSONET also formulierbar, deren Einhaltung ist aber nicht erzwingbar. Dazu müsste der SSONET-Quellcode so modifiziert werden, dass eine Rolle (z. B. der Anwendungsentwickler oder Vorgesetzte) Vorgaben machen kann, die der Endbenutzer (z. B. ein Mitarbeiter) nicht mehr modifizieren kann. Das unterstellt natürlich gleichzeitig, dass der Mitarbeiter auch die SSONET-Quellen nicht modifizieren kann. Diese Forderung wäre realisierbar mit einem authentischen Boot-Prozess, in dem digitale Signaturen Hard- und Software authentisieren. Unter der Annahme, dass das möglich wäre, wären fremdbestimmte Sicherheitspolitiken mit SSONET durchsetzbar. Mit den Konzepten für mehrseitige Sicherheit kann man also auch *mandatory security* ausdrücken, aber nicht unbedingt durchsetzen.

9.2 Kommunikation in und zwischen Organisationen

Die Kommunikation *zwischen autonomen Organisationen* oder Organisationseinheiten mit eigenen Sicherheitspolitiken (z. B. Profitcenter) ist hinsichtlich der Nutzung der SSONET-Architektur weitestgehend mit der durch Individuen vergleichbar. Das heißt also, dass in diesem Fall die SSONET-Konzepte für Konfigurierung und Aushandlung nahezu unverändert nutzbar sind.

Natürlich wird die von SSONET gebotene Funktionalität nur beschränkt genutzt, wenn ein oder mehrere Teilnehmer eine fremdbestimmte Politik vertreten (müssen). Das bedeutet dann, dass diejenigen nur die durch die Politik vorgegebenen Spielräume nutzen können; im Extremfall steht z. B. nur ein Mechanismus für Verschlüsselung zur Verfügung. Eine Aushandlung und sichere Kommunikation auf dieser Basis ist immer noch möglich. Je weniger Spielraum die fremdbestimmten Sicherheitspolitiken jedoch lassen, desto höher ist die Gefahr, dass zwischen den Teilnehmern keine gemeinsame Basis zur Kommunikationssicherung gefunden werden kann.

Ist die entwickelte Architektur auch für *firmeninterne Bereiche* sinnvoll anwendbar? Oben wurde schon gezeigt, wie die SSONET-Architektur in großen Organisationen mit dezentralem Management oder für Organisationen mit mehreren Profitcentern genutzt werden kann. Bieten sich auch Möglichkeiten zur Anwendung *innerhalb von Hierarchien* – also die Aushandlung zwischen Zielen von Vorgesetzten (und damit der Firmenpolitik) und den Zielen einzelner? Hier ist es wichtig, die verschiedenen Rollen zu identifizieren, in denen Entscheidungen getroffen und ausgeführt werden. Es müssen organisatorische Fragen geklärt werden wie: Muss ein Mitarbeiter mit seinem Vorgesetzten aushandeln? In welchen Anwendungsbereichen kann das Ergebnis der Aushandlung mehr bedeuten als die Durchsetzung der Vorschriften des Vorgesetzten? Muss man sich Aushandlungen mit anderen Mitarbeitern vom Vorgesetzten (vor- oder nachher) genehmigen lassen? Berücksichtigt die Aushandlung die Regeln des Betriebsverfassungsgesetzes?

Zusammenfassend lässt sich feststellen, dass das Konzept der Konfigurierung und Aushandlung zumindest über Firmengrenzen, je nach Organisation auch über Abteilungen oder kleinere Bereiche mit verschiedenen Sicherheitspolitiken anwendbar ist, aber nur eingeschränkt zwischen Einzelnutzern innerhalb einer Organisationseinheit. Sicherheitsgateways (siehe Kapitel 6) können, gekoppelt mit Firewalls, als Teil einer fremdbestimmten Sicherheitspolitik (mandatory policy) fungieren, wenn sie sich nicht beliebig den Wünschen der Endbenutzer anpassen und die Firewalls Kommunikation, die die Gateways umgeht, nicht zulassen.

10 Abgrenzung zu anderen Sicherheitslösungen

SSONET ist eine integrierte Architektur, die insbesondere den Aspekt der mehrseitigen Sicherheit bei der Kommunikation in verteilten Systemen/Anwendungen unterstützen soll. Dies ist ein gewisses Alleinstellungsmerkmal, da die Mehrseitigkeit sicherer Kommunikation in anderen Sicherheitssystemen so gut wie nie betrachtet wird. Dennoch kann man durchaus Vergleiche anstellen, insbesondere zu Systemen, die Kommunikationssicherheit bieten.

10.1 Wesentliche Ansätze

Dieses Kapitel ist Systemen gewidmet, die durch ihre Markbedeutung oder Zielrichtung im SSONET-Kontext von besonderem Interesse sind.

10.1.1 CORBA

CORBA („Common Object Request Broker Architecture") ist eine von der Object Management Group (OMG) konzipierte Architektur zur Konstruktion und Integration von objektorientierten Client-Server-Applikationen in heterogenen Netzumgebungen. Erklärtes Ziel ist es dabei, die Verteilung und Kooperation von Softwarebausteinen auf verschiedenen Systemplattformen zu ermöglichen. Dazu sollte eine Basisarchitektur für verteilte, objektorientierte Anwendungen definiert und standardisiert werden, die sogenannte Objekt Management Architecture (OMA).

CORBA soll die Austauschbarkeit und Kooperation von Objekten unabhängig von

- Lokation der Objekte im Netz,
- Hardware und Betriebssystem, auf denen sie ausgeführt werden,
- unterschiedlichen Datenformaten,
- Sprachen, in denen die Objekte implementiert sind und
- Netzprotokollen

ermöglichen. Dazu ist es notwendig, die Schnittstellen eines Objekts noch stärker von der Implementierung zu trennen, als es in der üblichen objektorientierten Programmierung der Fall ist. Dies wird durch eine eigene Beschreibungssprache erreicht, die IDL (Interface Description Language), mit der die Funktionalität eines Objektes beschrieben wird.

Der Object Request Broker (ORB) ist ein zentrales Element der CORBA-Architektur und vor allem dafür zuständig, dem Client die Lokalisierung von Objekten und Diensten zu erleichtern oder ganz abzunehmen. Anfragen werden also an den ORB gestellt, der sie wiederum an das geeignete Objekt im Netz weiterleitet, die Ergebnisse vom Server entgegennimmt und an den Client weiterleitet. Von CORBA werden alle Funktionen und Schnittstellen definiert, die ein Request Broker unterstützen muss.

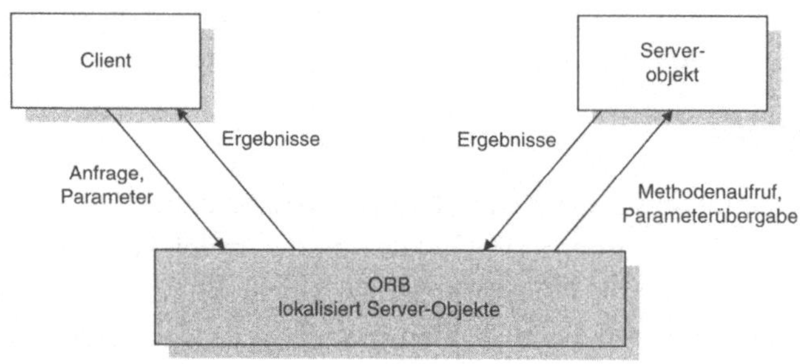

Abbildung 36: Der Object Request Broker als zentrales Mittel der Objektkommunikation

Für Sicherheit existiert in CORBA eine Metadefinition bzw. -policy, d. h. ein Rahmenwerk für unterschiedliche Sicherheitspolitiken. Dieser Ansatz wurde gewählt, um alle von der OMA unterstützen Sicherheitsmodelle realisieren zu können. Das Sicherheitsmodell ist also generisch gestaltet; dennoch sind Schnittstellen und zugehörige IDL-Konstrukte weitgehend definiert.

Die Grundidee bei CORBA Security ist die von agierenden Entitäten („principals"), die bestimmte Rechte für Objektzugriffe besitzen, die zur Laufzeit vom System überprüft werden. Ein principal ist dabei ein menschlicher Nutzer oder eine Systemeinheit, die im System registriert und authentifizierbar ist. Ein principal kann mehrere Identitäten haben (durch

Attribute repräsentiert), die für verschiedene Zwecke wie Abrechnung, Objektzugriffe und Absenderzuordnung verwendet werden können. Die verschiedenen Identitäten sollten auf unterschiedliche Art und Weise geschützt werden. Auf diese Art und Weise kann eine gewisse Anonymität im System erreicht werden, da keine expliziten Verknüpfungen zwischen den Identitäten hergestellt werden können.

Die Sicherung der Kommunikation kann mit unterschiedlichen Verfahren erfolgen. Es sind Mechanismen zur Einigung auf gemeinsame Mechanismen vorgesehen, ohne dass dabei spezielle Details genannt werden. Interoperabilität wird als wünschenswert dargestellt, aber in den entsprechenden Dokumenten nicht explizit betrachtet; das Rahmenwerk definiert jedoch Möglichkeiten zur Erweiterung um weitere Interoperabilität.

10.1.2 MS CryptoAPI

Das CryptoAPI ist der Ansatz von Microsoft, Sicherheit für Anwendungen einfacher verfügbar zu machen. Es wurde erkannt, dass die Entwicklung moderner Applikationen aufgrund fortgeschrittener Kommunikationsmöglichkeiten zunehmend die Integration von Sicherheitsmechanismen erfordert. Dennoch wird diese Forderung aus Gründen des erhöhten Aufwandes oft nicht umgesetzt.

Die Architektur des CryptoAPI ist modular, alle kryptographischen Operationen werden durch austauschbare Komponenten realisiert, die als CSP (cryptographic service provider) bezeichnet werden. Die CSPs werden unabhängig von der Applikation implementiert und über eine definierte Schnittstelle (das CryptoAPI) angesprochen. Dadurch sollen die CSPs austauschbar sein und eine Anwendung kann mit unterschiedlichen CSPs zusammenarbeiten, was z. B. verschiedene Sicherheitsstufen ermöglichen könnte.

CSPs sind als digital signierte DLLs realisiert. Sie werden nicht direkt von der Anwendung angesprochen, die entsprechenden Aufrufe werden vielmehr an das Betriebssystem gerichtet und von diesem weitergeleitet. Die Schnittstelle zwischen Betriebssystem und CSPs wird auch als Crypto SPI (Service Provider Interface) bezeichnet (vgl. Abbildung 37).

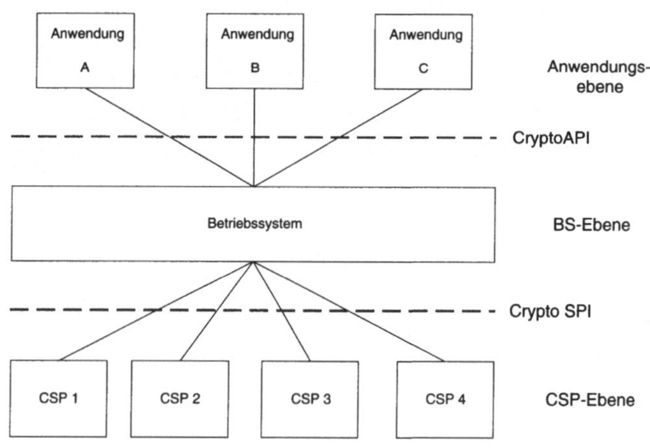

Abbildung 37: CryptoAPI-Architektur

Die Funktionalität des CryptoAPI lässt sich laut [Wiew_96] in 5 Gruppen teilen:

- „context management“ zur Auswahl von verschiedenen CSPs durch eine Anwendung. Diese Auswahl kann sowohl nach Name als auch nach Funktionalität des CSPs getroffen werden.
- „key generation“ zur Erstellung und Parametrisierung von asymmetrischen und symmetrischen Schlüsseln.
- „key exchange“ für Übertragung und Austausch von Schlüsseln.
- „data encryption/decryption“ zur Ver- und Entschlüsselung von Daten nach verschiedenen Algorithmen.
- „hashing/signature“ zur Sicherung von Integrität und Authentizität von Nachrichten, z. B. durch digitale Signaturen.

Hinzu kommen in Version 2.0 beispielsweise Funktionen zur Verwaltung von Zertifikaten.

Unterstützung für mehrseitige Sicherheit durch Konfiguration und Aushandlung sind im CryptoAPI nicht vorgesehen.

10.1.3 OSF/DCE und Kerberos

DCE (Distributed Computing Environment) ist die Architektur der OSF (Open Software Foundation) für Client-Server-Anwendungen, vgl. [Schi_97]. Der Aufbau ist in Abbildung 38 zu sehen.

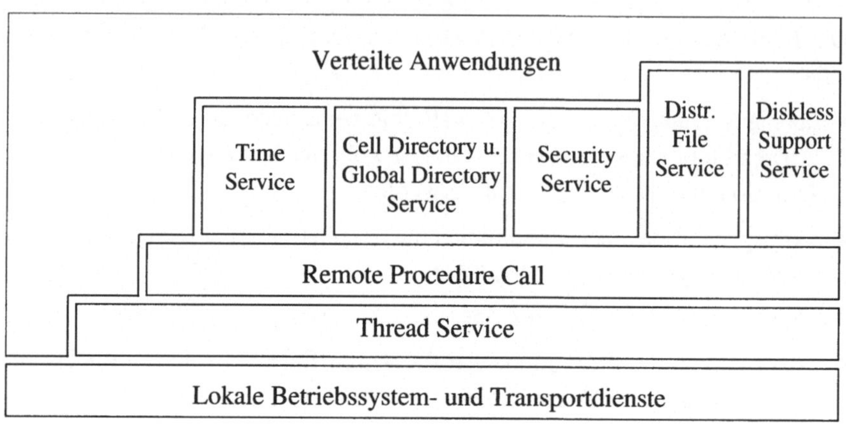

Abbildung 38: Aufbau des OSF DCE

Aufsetzend auf Betriebssystemdiensten (z. B. Unix, OS/2, Windows/NT, Windows95, MVS, OpenVMS u. a.) und Transportprotokollen (z. B. TCP/IP oder UDP/IP) werden Kommunikationsmechanismen mittels Remote Procedure Call (RPC) angeboten. Der RPC stellt bei DCE – wie bei den meisten Client-Server-Systemen – die Basis für alle Interaktionen zwischen Anwendungskomponenten dar.

DCE ist vollständig standardisiert und bereits auf breiter Basis verfügbar; es wird von allen großen Rechnerherstellern für die gängigen, oben genannten Betriebssysteme angeboten. Die Runtime-Lizenz des RPC ist kostenlos verfügbar. Dies gilt allerdings nicht für die Server-Lizenzen und die Entwicklungslizenzen.

Grundlegende Sicherheitsmechanismen, die von DCE unterstützt werden, sind Authentikation, Zugriffskontrolle und (symmetrische) Verschlüsselung, wie in der folgenden Abbildung dargestellt.

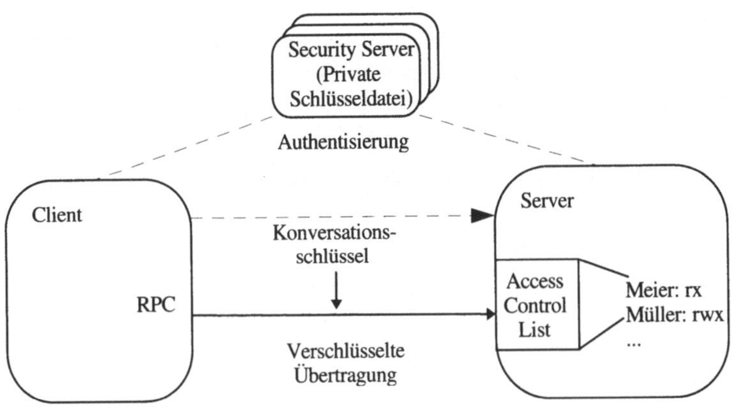

Abbildung 39: Einsatz der DCE-Dienste am Beispiel einer Client-Server-Anwendung

Die Autorisierung ermöglicht die selektive Vergabe von Zugriffsrechten auf Server an Clients. Sie basiert auf Zugriffskontrolllisten, die von den einzelnen Servern dezentral verwaltet werden und z. B. auch Gruppeneinträge sowie Einträge für Nutzer aus anderen DCE-Verwaltungsbereichen (DCE Cells) umfassen können.

Zur Authentikation und zur Verteilung von Schlüsseln wird das ursprünglich am Massachusetts Institute of Technology (MIT) entwickelte System Kerberos eingesetzt [Hugh_96]. Es erlaubt die gegenseitige Authentikation von Clients und Servern in einem „unsicheren" Netz. Kerberos ist ein Trusted Third Party-System und arbeitet mit symmetrischer Verschlüsselung (DES). Der Schlüsselaustausch erfolgt nach dem Needham-Schroeder-Protokoll [NeSc_78].

Je nach Anforderung der Anwendung sind verschiedene Sicherheitsgrade (mit unterschiedlichem Laufzeitaufwand) wählbar, von einfacher Authentikation vor der Kommunikation bis hin zu Authentikation und Verschlüsselung für jede einzelne Nachricht. Anstelle der vollständigen Verschlüsselung ist es auch möglich, nur die Integritätsprüfung von Nachrichten auf der Basis verschlüsselter Prüfsummen zu wählen.

Derzeit werden von DCE keine asymmetrischen Kryptoverfahren unterstützt. Ein Einsatz solcher Mechanismen ist in künftigen DCE-Versionen vorgesehen. Aufgrund der fehlenden Unterstützung asymmetrischer Algorithmen sind auch Konzepte wie digitale Signaturen und Schlüsselzertifizierungsdienste derzeit nicht in DCE enthalten. Erwartungsgemäß ist der Aufwand für die Schlüsselverteilung aufgrund der ausschließlichen Nutzung symmetrischer Kryptoverfahren hoch. Sichere Schlüsselverteilung ist aber besonders in einem verteilten System mit vielen Nutzern von entscheidender Bedeutung. Sie ist in DCE noch nicht sinnvoll gelöst.

10.1.4 CISS

CISS (Comprehensive Integrated Security System) stellt den Kern eines Entwurfs einer Sicherheitsarchitektur für offene verteilte Systeme dar und wurde in [MPSC_93] dargelegt. Die Architektur baut auf von ISO/OSI standardisierten Sicherheitsdiensten auf, ist jedoch um einige zusätzliche Dienste erweitert worden.

Die Konzeption für offene verteilte Systeme enthält Ansätze, die in eine Architektur für mehrseitige Sicherheit eingehen können. Zu nennen ist das konzeptuelle Modell, welches „Security Management“, „Security Agents“, „Security Protocols“, „Security Services“, „Security Mechanisms“, „Mathematical Modules“ und eine „Security Management Information Base“ vereint.

Das konzeptuelle Modell von CISS (siehe Abbildung 40) sieht eine Unterteilung in fünf Ebenen vor, die zur Verringerung der Komplexität beitragen. In jeder Ebene sind Architekturkomponenten angesiedelt, denen jeweils Segmente in einer Datenbank (der „Security Management Information Base“) entsprechen. Dabei handelt es sich um ein Repository aller Parameter, die zur Steuerung des Ablaufs in der CISS-Architektur dienen. Es gibt statische Bereiche z. B. für Zugriffskontrolle und Identifizierung neben dynamischen Bereichen z. B. zur Aufnahme von Sitzungsschlüsseln, sowie Logbucheinträge. Die „Security Management Information Base“ stellt eine Erweiterung der X.500-Directory-Informationsdatenbank dar.

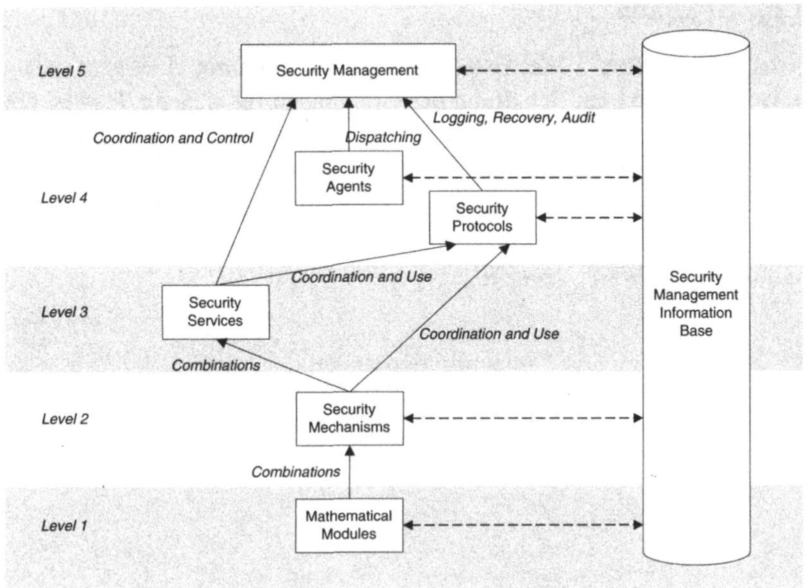

Abbildung 40: Konzeptuelles Modell von CISS

Die unterste Ebene (Level 1) enthält Module, die elementar für die Implementation verschiedener Sicherheitsmechanismen sind. Die folgenden Ebenen (Level 2 bis Level 5) enthalten Module, die sich jeweils aus den Modulen darunter liegender Ebenen zusammensetzen. Bis auf die Sicherheitsdienste (Level 3) greifen die Module der Ebenen auf die ihnen zugeordneten Segmente der „Security Management Information Base" zurück.

Die Beschreibung von CISS enthält keine Aussagen zur Konfiguration des Systems und dem Zustandekommen der Repositoryeinträge. Entsprechend können auch keine Aussagen zur Unterstützung von mehrseitiger Sicherheit durch CISS getroffen werden, zumal auch Aushandlungsaspekte und unterschiedliche Konfigurationen nicht betrachtet werden.

10.1.5 SEMPER

Bei SEMPER (Secure Electronic Marketplace for Europe) handelt es sich um ein EU-Projekt zur Schaffung der Grundlagen für sicheren Handel über das Internet und andere offene Netze, vgl. [Waid_96]. Dabei entsteht eine offene und systemunabhängige Architektur für sicheren elektronischen Handel. Aus der Sicht von SSONET ist die Tatsache interessant, dass es sich dabei um den Entwurf einer speziellen Architektur für mehrseitige Sicherheit („multi-party security“) handelt.

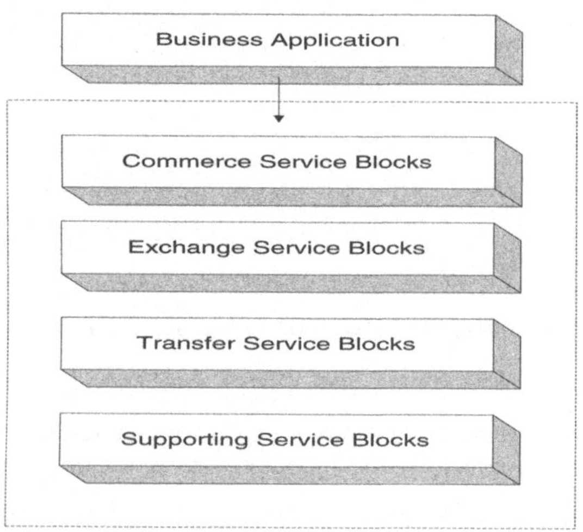

Abbildung 41: SEMPER-Architektur

Das Ausgangsmodell von SEMPER (Abbildung 41) beschreibt dabei interaktive Abläufe mit Abfolgen von Grundelementen („transfers“ und „fair exchanges“), die durch Übergabe von sog. „containers“ erfolgen. Ein „transfer“ wird als Spezialfall eines „fair exchange“ angesehen. Die Architektur selbst gliedert sich in vier Ebenen, auf denen die Applikation aufsetzt. Die beiden mittleren Ebenen dienen dabei dem Management der Grundelemente.

Untersetzt sind zur Zeit nur die „Transfer Services" und die „Supporting Services". Durch die geplante Einbindung externer Zahlungssysteme als Module wurde eine generische Importschnittstelle geschaffen, die durch den sog. „Payment Manager" verwaltet wird. Aufgrund der starken Unterschiede zwischen den einzelnen Zahlungssystemen (z. B. tokenbasiertes e-cash, Kreditkartensystem iKP) wurden Adapter notwendig, die zwischen den Systemen und der Importschnittstelle liegen.

10.1.6 Cryptomanager++

Der CryptoManager++ ist eine an der Universität Hildesheim in C++ entwickelte objektorientierte kryptographische Softwarebibliothek, vgl. [Kann_94]. Hervorzuheben ist die Klassenhierarchie, die jedem kryptographischen Algorithmus eine spezifische Klasse zuordnet. Durch das verwendete objektorientierte Konzept ist aus Programmierersicht eine einfache Erweiterbarkeit gegeben. Der Quellcode steht zur Validierung zur Verfügung.

Im einzelnen enthalten sind symmetrische und asymmetrische Verschlüsselungsverfahren (DES, IDEA, RSA), digitale Signaturverfahren (RSA) und hybride Verfahren zur Verschlüsselung (RSA-IDEA, RSA-DES) und digitalen Signatur (RSA-MD5, RSA-SHS, RSA-RIPEMD), sowie weitere kryptographische Algorithmen wie schlüssellose Hashfunktionen (MD5, SHS, RIPEMD) und Pseudozufallszahlengeneratoren (BBS u. a.).

Mit der Entwicklung des CryptoManagers verbunden waren insbesondere die Ziele Korrektheit, Robustheit, Wiederverwendbarkeit, Erweiterbarkeit und Portabilität. Aus Nutzersicht interessant sind die Konfigurationsmöglichkeiten, die der CryptoManager++ bietet. So lassen sich bei allen Kryptosystemen, die das zulassen, Schlüssellängen einstellen, Betriebsarten festlegen, Hybridsysteme zusammensetzen u. a.m. Es lassen sich Vorgabewerte für die Parameter angeben, so dass sich eine Standardkonfiguration ergibt.

10.1.7 SecuDE

SecuDE (Security Development Environment) [SecuDE] wird von der GMD Darmstadt entwickelt und ist ein portables Sicherheitstoolkit für UNIX und MS-DOS-Plattformen. In seiner Bibliothek von Sicherheitsfunktionen mit C-Programmierschnittstelle beinhaltet es öffentlich bekannte und etablierte symmetrische und asymmetrische Kryptographie.

Die Sicherheitsbibliothek bietet folgende Möglichkeiten und Merkmale [SecuDE]:

- kryptographische Funktionen wie RSA, DSA, DES, IDEA, verschiedene Hashfunktionen, DSS (Digital Signature Standard) und Diffie-Hellman Schlüssel-Vereinbarung,
- Sicherheitsfunktionen für Ursprungsnachweis, Datenintegrität, Nicht-Rückweisbarkeit und Vertraulichkeit auf der Basis digitaler Signaturen sowie symmetrischer und asymmetrischer Verschlüsselung,
- X.509 Zertifizierungsfunktionen, Handhabung von Zertifizierungspfaden, Cross-Zertifizierung und Handhabung von schwarzen Listen,
- Public Key Cryptography Standards (PKCS),
- Kommandos zum Signieren, Validieren, Ver- und Entschlüsseln von Dateien,
- Kommandos und Bibliotheksfunktionen für die Operation von Zertifizierungsinstanzen (ZI) und die Interaktion zwischen ZIs und zertifizierten Benutzern,
- Kommandos und Bibliotheksfunktionen für „Privacy Enhanced Mail" (PEM) nach RFC 1421-1424,
- sicherer Zugang zum öffentlichen X.500 Directory zur Speicherung und Gewinnung von Zertifikaten, Cross-Zertifikaten und schwarzen Listen (integrierter sicherer X.500 DUA, der mit starker Authentifizierung (auf Basis digitaler Unterschriften) und signierten DAP Operationen arbeitet),
- alle externen Datenkodierungen nach ASN.1 BER und DER,
- sichere Speicherung aller sicherheitsrelevanten Informationen der Benutzer in einer sogenannten persönlichen Sicherheitsumgebung (PSE).

Eine PSE (persönliche Sicherheitsumgebung) enthält beispielsweise die geheimen und öffentlichen Schlüssel des Benutzers (letztere innerhalb eines X.509 Zertifikats) und den öffentlichen Schlüssel, dem der Benutzer letztendlich bei einer Validierung traut (root-key). PSE-Realisierungen existieren bisher für Smartcards und DES-verschlüsselte UNIX oder MS-DOS Dateien. Beide PSEs sind nur durch Eingabe einer PIN (Personal Identification Number) zugänglich. Für die Smartcard-Realisierung ist ein bestimmtes Smartcardsystem notwendig, bei dem RSA- und DES-Kryptographie im Smartcard-Terminal durchgeführt wird.

Bestandteil von SecuDE ist eine Internet PEM Implementation. Ein PEM-Filter wandelt jeden Eingabetext in einen PEM-fomatierten Ausgabetext um und umgekehrt. SecuDE Privacy Enhanced Mail realisiert außer dem symmetrischen Schlüsselmanagement alle Formate und Prozeduren, die in den Internet-Spezifikationen RFC 1421-1424 definiert sind.

10.1.8 PLASMA

PLASMA (Platform for Secure Multimedia Applications) ist ein Projekt des Fraunhofer-Instituts für Grafische Datenverarbeitung, Darmstadt. Es ist in eine Reihe von mehreren Projekten eingebettet, die stark mit Arbeiten bei der DeTeBerkom zusammenhängen [GeKo_95].

Im Projekt PLASMA wird eine Sicherheitsplattform entwickelt, welche die erforderlichen Sicherheitsdienste für multimediale Telekommunikations- und Informationsdienste anbietet [Kran_96]. Möchte man Sicherheit domänenübergreifend realisieren, ist zu bedenken, dass in jeder Domäne verschiedene Sicherheitsmechanismen zur Verschlüsselung, Integrität, Verbindlichkeit etc. existieren.

Die grundlegende Schwierigkeit und Problematik beim Aufbau von PLASMA liegt in der Dynamik und Flexibilität der Plattform, die besonders durch die Einstellung, die Änderung und den Abgleich von verschiedenen Sicherheitspolitiken repräsentiert wird. Da die Plattform in den verschiedensten Anwendungen eingesetzt werden soll, wird ein anwendungsunabhängiges API eingeführt. Ebenso soll die Plattform in einer ausgebauten Phase unterschiedliche Technologien unterstützen, so dass eine technologieunabhängige Schnittstelle notwendig werden wird (siehe Abbildung 42). Weiterhin muss die Anwendungsschnittstelle der Architektur transparent gegenüber den Details und Spezifika der kryptographischen Protokolle sein. Das anwendungsunabhängige API ist nach dem GSS-API [Linn_93], mit besonderer Aufmerksamkeit auf einfache Benutzung und Reduzierung der für die Anwendung sichtbaren Komplexität, modelliert.

Für weitere Ausführungen zum strukturellen Aufbau von PLASMA siehe [GeKo_95] und [Kran_96].

Besonders interessant ist für das SSONET-Projekt die in PLASMA realisierte Aushandlung. Aus diesem Grund erfolgt zu diesem Gesichtspunkt eine genauere Beschreibung:

Mit PLASMA ist es möglich, kryptographische Protokolle, die angewendet werden sollen, auszuhandeln, bevor die eigentliche Kommunikation gestartet wird. Das erlaubt Kommunikation zwischen autonomen Domänen mit verschiedenen Sicherheitspolitiken, die zusätzlich an die medienspezifischen Strukturen der Daten angepasst werden kann, die übermittelt werden sollen.

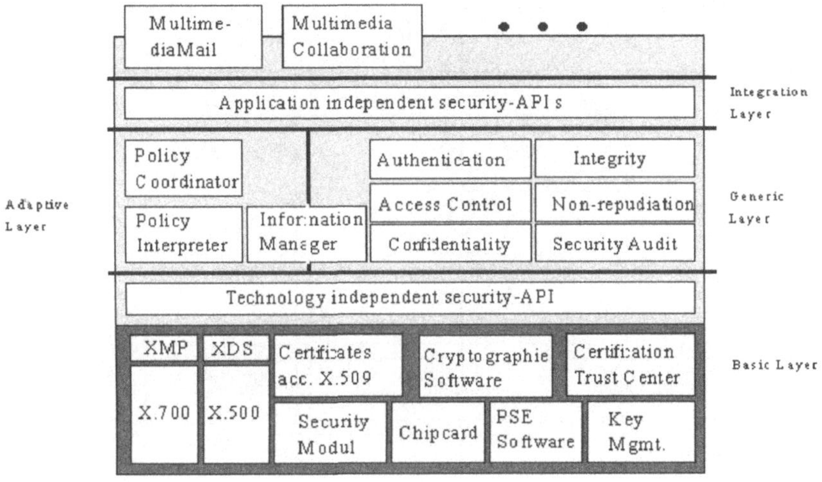

Abbildung 42: Aufbau der Sicherheitsplattform von PLASMA

Die Kooperations-Sicherheits-Politik (KSP) wird aus den beiden Sicherheitspolitiken der kommunizierenden Partner, die zwischen den Partnern vor der sicheren Kommunikation ausgetauscht werden, errechnet [Kran_96]. Dafür wird das Konzept der „formalisierten Sicherheitspolitik" angewandt, das in [GeKo_95] vorgeschlagen wird. Dabei wird die Sicherheitspolitik außerhalb der Anwendung (extern) explizit abgebildet, um Algorithmen die Interpretation, Aushandlung und den Vergleich der Sicherheitspolitiken zu ermöglichen.

10.1.9 Tabellarischer Überblick

Dieses Kapitel fasst die vorgestellten Systeme und Architekturen noch einmal tabellarisch nach den in Kapitel 3.2 vorgestellten Kriterien zusammen.

Rahmenbedingungen	MS Crypto API	SecuDE	SEMPER	Cryptomanager++
Validierbarkeit	Nein		Angestrebt	Ja
Referenzimplementierung	Ja	Ja	iKP-Prototyp	Ja
Sicherheitspolitik	Neutral	Neutral	Mehrseitige Sicherheit	Neutral
Überprüfbare Rechteentstehung	Nein	Nein	Ja	Nicht anwendbar
Standardisierung der Architektur	Nein	Nein	Angestrebt	Nein
Zertifizierung der Architektur			Nein	Nein
Marktverfügbarkeit	Kommerziell	Spezielle Bedingungen		Frei verfügbar
Voraussetzung vertrauenswürdiger Instanzen	Nein	Nein		Neutral
Funktionalität				
Unterstützung spezieller Hardware	Ja, je nach CSP	Chipkarten	Ja	Neutral
Anonymität von Instanzen	Nein	Nein	Neutral	
Sicherheitsmechanismen	Sym./ asym. Verschl./ Auth.; flexibel erweiterbar	Sym./ asym. Verschl./ Auth., Zertifikate	entspr. iKP, e-cash, SecuDE	Sym./ asym. Verschl./ Auth.
Skalierbarkeit	Hoch	Nicht bekannt	Hoch	

Implementierung				
Schnittstellenspezifikation		Fest	Offen	
Erweiterbarkeit	Ja	Ja, über GSS-API	Ja	Ja
Anforderungen an Hardware	Nein	Nein	Nein	Nein
Verwendung von Standards	Ja	Ja	Nein	Ja
Verwendung zertifizierter Bausteine	Vorgesehen			

Tabelle 25: Bewertung von Sicherheitsarchitekturen (1)

Rahmenbedingungen	OSF/DCE	CORBA	CISS	PLASMA	SSONET
Validierbarkeit		Nein/implementations-abh. [MICO]	Ja	Nein	Ja
Referenzimplementierung	Ja	Nein	Prototyp		Ja
Sicherheitspolitik		Neutral	Offen	Offen, Integrierbarkeit	Mehrseitig
überprüfbare Rechteentstehung		Ja	Nicht bekannt		Geplant
Standardisierung der Architektur	Ja (OSF)	Ja (OMG)	Nein, nutzt aber OSI	Nein	Nein
Zertifizierung der Architektur			Nein	Nein	Nein
Marktverfügbarkeit	Kommerziell	Frei verfügbar	Nicht bekannt		Prototyp
Voraussetzung vertrauenswürdiger Instanzen	Ja (Kerberos)	Neutral			Für Zertifikate
Funktionalität					
Unterstützung spezieller Hardware	Ja	Neutral	Neutral	Chipkarten	Offen
Anonymität von Instanzen	Nein	Ja, neutral	Neutral		Geplant
Sicherheitsmechanismen	Nur sym.; asym. Geplant	Zugriffskontrolle, Vertraulichkeit	Von OSI	Sym., asym. Verschl/ Auth	Sym., asym. Verschl/ Auth Zurech.
Skalierbarkeit			Ja	Ja	Ja
Implementierung					

Schnittstellenspezifikation		Offen			Offen
Erweiterbarkeit	Bedingt	Ja	Ja	Ja	Ja
Anforderungen an Hardware	Nein	Neutral	Nein	Nein	Nein
Verwendung von Standards			Ja, OSI		Nein
Verwendung zertifizierter Bausteine		Neutral		Neutral	Neutral

Tabelle 26: Bewertung von Sicherheitsarchitekturen (2)

10.2 Weitere Ansätze

In diesem Kapitel sollen weitere Systeme und Ansätze kurz vorgestellt werden, die sich mit ähnlichen Problemen wie in SSONET oder dessen Teilbereichen befassen und daher für den Leser von Interesse sein könnten.

BirliX

Das verteilte Betriebssystem BirliX wurde bei der Gesellschaft für Mathematik und Datenverarbeitung (GMD) konzipiert. Neben dem Ziel, Erweiterbarkeit und Flexibilität in das Design eines Betriebssystems zu integrieren, bildeten verteilte Umgebungen und ihre Auswirkungen auf Fehlertoleranz, Leistung und Sicherheit den Hauptfokus des Projektes [HäKK_92].

Das Grundprinzip des Birlix-Kernels ist die Datenabstraktion. Das System ist ein Managementsystem für abstrakte Datentypen mit Diensten zum Definieren und Instanziieren von Typen, zum Identifizieren von Instanzen und zur Unterstützung von Kommunikation zwischen diesen. Durch dieses Design gewinnt BirliX eine leichte funktionale Erweiterbarkeit und Anpassbarkeit an neue Anforderungen.

BMSec (GMD-Fokus)

In [GrHe_96] werden die Erfahrungen bei der Implementation von Netzmanagement-Agenten entsprechend OSI X.700 beschrieben. Ein Schwerpunkt liegt auf der Verwendung von Sicherheitspolitiken („security policies“) und deren gemeinsamer Anwendung zwischen verschiedenen Agenten. Dabei werden nur Authentikation und Zugriffskontrolle betrachtet.

Von Interesse aus SSONET-Sicht ist die Abstimmung der zu verwendenden Sicherheitspolitiken durch Agenten, die allerdings sehr rudimentär ist. Es kann sich nur auf eine Sicherheitspolitik geeinigt werden, die bereits im voraus auf beiden Seiten definiert ist, was die Flexibilität des Systems stark einschränkt.

Der Ablauf des Protokolls ist folgender:

1. Der Initiator (I) ermittelt die Sicherheitspolitik (SP) des Partners (P) (hier mittels X.500-Directory-Services realisiert).
2. I vergleicht SP von P mit seiner eigenen SP-Datenbank und wählt mit einer lokalen Entscheidungsfunktion eine geeignete SP aus.
3. I schickt seinen Vorschlag für eine gemeinsame SP an P.
4. P entscheidet (mit seiner SP-Datenbank), ob er die angebotene SP annimmt.
5. P schickt „refuse“ oder „accept“. Bei „accept“ schickt er noch eine SP mit. Das kann die von I vorgeschlagene oder eine andere sein.
6. Wenn I in der „accept“-Antwort die von ihm vorgeschlagene SP vorfindet, kann die Kommunikation beginnen. Findet er eine andere, kann er nur noch entscheiden, diese anzunehmen oder den Vorgang abzubrechen.

Diese Art der Aushandlung ist möglicherweise für Spezialanwendungen ausreichend, kann aber den Anspruch allgemeiner Anwendbarkeit, den SSONET hat, nicht erfüllen.

Die bereits angesprochene Implementierung realisiert diese Aushandlung nicht, sondern allein das dynamische Wechseln der Priorität von lokal installierten Sicherheitspolitiken ohne die Änderung des Programmes. Das ist auch in SSONET so vorgesehen (durch die Konfigurierung), jedoch in weit umfassenderem Maße. Insbesondere ist die Flexibilität des gezeigten Verfahrens als zu gering zu betrachten.

CAFE (EU, Universität Hildesheim)

Am EU-Projekt CAFE (Conditional Access for Europe) war ein Konsortium aus mehreren europäischen Firmen und Universitäts-Instituten beteiligt (Cardware, Institut für Sozialforschung; DigiCash, Gemplus, Ingenico, Siemens; CWI-Amsterdam, PTT Research Netherlands, SPET, Sintef Delab Trondheim; Universitäten Arhus, Hildesheim und Leuven).

Die im Rahmen des Projekts entwickelte digitale Geldbörse ermöglicht sichere Zahlungen unter Wahl verschieden sicherer Zahlungsarten. In der vorausbezahlten Variante für Kleinbetragszahlungen können sämtliche Zahlungen offline mit mehrseitiger Sicherheit bezüglich Betrug und Anonymität unter Nutzung eines speziellen digitalen Signaturverfahrens erfolgen. Besonders herausragend ist die Skalierbarkeit des in Bankgeräte und Händlerterminals zu setzenden Vertrauens durch den Nutzer. Hilfreich für mehrseitige Sicherheit im verteilten Zahlungssystem ist das sog. Wallet-Observer-Konzept, welches die Hardware der Geldbörse in zwei Vertrauensbereiche (Bank und Kunde) trennt, vgl. [BCMM_95].

Interessant ist die bezüglich der sicheren Zahlungen getroffene Abstraktion, die dem Nutzer die intuitive Nutzung der digitalen Geldbörse ermöglicht. Im Unterschied zu der Architektur von SSONET sind die CAFE-Konzepte der Systemkonfiguration als starr einzuschätzen (keine Benutzereinstellungen); Abstraktion und Aushandlung bezüglich Sicherheitsfunktionen wurden nicht realisiert.

POLIKOM (BMBF)

Die Projektgruppe POLIKOM sollte grundlegende Beiträge zur Lösung von Kommunikations- und Kooperationsproblemen leisten, die durch die Aufteilung der Regierungsfunktionen zwischen der alten und der neuen Bundeshauptstadt Bonn und Berlin auftreten. Im Rahmen von POLIKOM wurden jeweils in Konsortien von Partnern aus Wirtschaft und Forschung die folgenden vier Projekte durchgeführt [Poli_95]:

- POLITEAM (Entwicklung von Kooperationswerkzeugen zur Unterstützung der Regierungsfunktionen in Bonn und Berlin) mit den Projektpartnern VW-GEDAS, der Universität Bonn und der GMD,

- POLIFLOW (Zuverlässige und sichere Vorgangsbearbeitung für weitverteilte Anwendungsumgebungen unter Berücksichtigung gemischter Arbeitsformen) mit den Projektpartnern Hewlett-Packard GmbH und der Universität Stuttgart,
- POLIWORK (Telekooperation und Dokumentenverwaltung am persönlichen Arbeitsplatz) mit den Projektpartnern GMD, der Forschungsstelle für Verwaltungsinformatik der Universität Koblenz und der BIFOA
- POLIVEST (Automatische Vorgangsbearbeitung unter Einbeziehung synchroner Telekooperation) mit den Projektpartnern Siemens AG, Siemens Nixdorf Informationssysteme AG, Sietec Systemtechnik, GMD und BPU.

Im Rahmen dieser Projekte wurden auch Sicherheitsprobleme bearbeitet, so z. B. im Projekt POLITEAM, in dem ein Prototyp zur verlässlichen Autorisierung von Dokumenten mittels digitaler Signatur auf Basis von RSA implementiert wurde [Paul_97]. Dieser Einsatz von digitalen Signaturen stellt jedoch nur einen Bruchteil der Sicherheitsfunktionalität dar, die die SSONET-Architektur leistet. In POLIVEST werden Sicherheitsanforderungen abhängig von der möglichen individuellen Bedrohung analysiert und entsprechende Sicherheitsfunktionen für die Basiskomponenten implementiert und integriert [Link1_96]. Die Implementierung von organisations-/verwaltungsübergreifend anwendbaren Sicherheitsfunktionen sollte basierend auf verfügbaren Standards (TeleTrust, RSA/DES, PEM, X509) in enger Abstimmung zwischen den POLIKOM-Projekten vorgenommen werden [Link2_96]. In POLIVEST wird ein eher starres Konzept für eine Abstraktion und Konfigurierung eingesetzt. Dies ist sicherlich z.T. auch darin begründet, dass in POLIVEST eine Spezialisierung auf das Anwendungsfeld der Vorgangsbearbeitung vorlag.

REMO (BMBF)

Kooperationspartner im Verbundprojekt REMO (Referenzmodell für sichere IT-Systeme) waren das Europäische Institut für Systemsicherheit (E.I.S.S.) an der Universität Karlsruhe, die Gesellschaft für Mathematik und Datenverarbeitung (GMD) in Sankt Augustin/Darmstadt, die Industrieanlagen-Betriebsgesellschaft (IABG) in Ottobrunn, die Siemens AG in München und die TELEService GmbH in Berlin. Gefördert wurde das Vorhaben vom Bundesminister für Forschung und Technologie [FFKK_93].

Zielsetzung des Projektes war es, bestmögliche Unterstützung bei der Konstruktion sicherer IT-Systeme zu bieten. In Ergänzung zu den existierenden Bewertungsstandards (IT-Sicherheitskriterien [ITSK_89] und IT-Evaluationshandbuch [ITEH_90]) soll Entwicklern von IT-Systemen auch die erforderliche Entwurfs- und Konstruktionsmethodik angeboten werden [FFKK_93]. Es wurde versucht, ausgehend von kundenspezifischen Anforderungen in verschiedenen Szenarien über verschiedene Abstraktionsschritte zu einem formalen Sicherheitsmodell zu gelangen [EISS_90, S. 34].

Im Projekt REMO lag die Unterstützung bei der Entwicklung sicherer Systeme im Vordergrund. Auch die SSONET-Sicherheitsarchitektur soll die Implementierung von Schnittstellen zu Sicherheitsmechanismen für den Anwendungsentwickler vereinfachen und nutzt dabei Abstraktionsmechanismen aus. Darüber hinaus steht in SSONET allerdings die nutzerseitige Unterstützung bei der Konfigurierung des lokalen Systems, bei der Aushandlung von Sicherheitsinteressen und durch Veranschaulichung von Sicherheitsmechanismen im Vordergrund.

SaferCom (Universität Freiburg)

SaferCom war das von 1991 bis 1995 durchgeführte Kooperationsprojekt des Europäischen Zentrums für Netzforschung der IBM Informationssysteme GmbH (ENC Heidelberg), des Rechenzentrums des Universitätsklinikums (KRZ) Freiburg und der Abteilung Telematik des Instituts für Informatik und Gesellschaft der Universität Freiburg.

Ziel des SaferCom-Projektes war es, ein Sicherheitskonzept zu entwickeln, das die Sicherheitsanforderungen der Endbenutzer umsetzt und so die einseitigen, systemorientierten Sicherheitssichtweisen ergänzt, um mehrseitige Sicherheit zu erreichen [Kohl_96]. SaferCom kommt damit dem Ziel SSONETs, mehrseitige Sicherheit für den Anwender zu gewährleisten, nahe. Der Einsatz des Sicherheitskonzepts – benutzerorientierter Datenschutz – erfolgte auf der Basis des DFR (Document Filing and Retrieval)-Standards des ISO-OSI-Referenzmodells für eine Anwendung aus dem Bereich der Klinikdatenverarbeitung. In SaferCom wurde ein Prototyp für die Speicherung und Kommunikation von Patientendaten zur Demonstration des entwickelten Ansatzes implementiert [Safe].

Besonderes Augenmerk wurde in SaferCom darauf gelegt, komplexere Sicherheitsmechanismen aus Basisdiensten zusammensetzbar zu gestalten und das System sowie seine Sicherheitsfunktionen für den Endbenutzer nutzbar zu gestalten (Benutzungsoberfläche). Dabei beschränkt sich SaferCom auf die Anwendungsebene und es bleibt unklar, ob der Endbenutzer bei der Konfigurierung des lokalen Systems (wie in SSONET) und bei der Durchsetzung und Verhandlung seiner Sicherheitsinteressen gegenüber Kommunikationspartnern unterstützt wird.

SAMSON (EU, Siemens, GMD)

Am europäischen Projekt SAMSON (Security and Management Services in Open Networks) sind u. a. Siemens und die GMD beteiligt [Voll_95].

Gemeinsam mit SSONET ist diesem Ansatz das Management von Sicherheitsdiensten als zentralem Architekturbestandteil. Dabei wird bei SAMSON der Schwerpunkt auf das Management von Authentikation, Zugriffskontrolle, Überwachung (audit) und Schlüsselmanagement gelegt, das gemäß folgender Einteilung in generische Sicherheitsmanagement-Klassen bzw. Profile erfolgt:

- einfach: Verwendung vorhandener Mechanismen
- intern: Definition einer unternehmensweiten Sicherheitspolitik
- extern: Anbindung von Kooperationspartnern über externe Netze
- erweitert: Nachweisbarkeit über Organisationsgrenzen hinaus.

Die Einigung auf das durchzuführende Sicherheitsmanagement beschränkt sich auf den Austausch von Sicherheitsparametern gemäß der OSI-Managementprotokolle CMIS und CMIP sowie SNMP. SSONET sieht dagegen einen Schwerpunkt in weitergehender Aushandlung und nutzergerechter Abstraktion, die so bei SAMSON nicht möglich ist.

SAMSON hat sich auf Integrationsmöglichkeiten (von DCE- und X.500-Sicherheitsmechanismen sowie OSI-Schlüsselmanagement) über sog. Sponsoren konzentriert. Eine Bewertung erfolgt dabei nur implizit über die Entscheidung für ein Sicherheitsmanagement-Profil; ein Rating im Sinne von SSONET ist nicht anzutreffen.

LiSA (Universität des Saarlandes)

LiSA (Library for Secure Applications) [BKMS_96] wurde von der Entwicklungsgruppe am Lehrstuhl für Kryptographie und algorithmische Zahlentheorie an der Universität des Saarlandes konzipiert und realisiert. LiSA ist eine C++-Klassenbibliothek für Daten- und Kommunikationssicherheit und repräsentiert somit eine objektorientierte Krypto-Bibliothek [vgl. WWZ+_96, S.5].

Durch das objektorientierte Design erlauben Schnittstellen sowohl die leichte und effiziente Nutzung von Verschlüsselungsverfahren in Anwendungsprogrammen als auch die Unabhängigkeit vom verwendeten Verfahren. Aus der Sicht des Anwenders gibt es nur noch abstrakte Objekte, die Daten ver- und entschlüsseln, und die zugehörigen Schlüssel, ohne dass er sich über den Aufbau dieser Objekte oder ihre Verwendung kümmern muss.

In der Kryptobibliothek LiSA kommen Abstraktionsmechanismen aus Entwicklersicht zum Einsatz. Darüber hinausgehende Konzepte zur Gestaltung der Benutzungsoberfläche und zur Aushandlung der Sicherheitsinteressen von Kommunikationspartnern sind nicht integriert. Eine Kryptobibliothek wie LiSA könnte eine Grundlage für die Einbindung kryptographischer Mechanismen in die SSONET-Sicherheitsarchitektur bilden; erbringt aber bei weitem nicht die für diese Architektur erarbeitete notwendige Funktionalität.

CDSA (Intel)

Die Common Data Security Architecture (CDSA), vorgestellt von den Intel Architecture Labs [CDSA], weist starke Parallelen zum CryptoAPI von Microsoft (siehe dort) auf. Momentan befindet sie sich im Beta-Stadium, für Nicht-US-Bürger ist sie momentan wegen der angebotenen starken Kryptographie nicht erhältlich.

Die Bewertung im Vergleich zu SSONET gestaltet sich ähnlich der beim Microsoft CryptoAPI: Es wird keine Aushandlung und nur minimale Konfiguration realisiert (es sei denn, der Anwendungsentwickler implementiert sie komplett selbst). Es existiert ein gutes Abstraktionsniveau, das jedoch nur dem Entwickler zur Verfügung steht und nicht zur externen Konfigurierbarkeit der Anwendung genutzt wird.

GSS-API (IETF – Common Authentication Technology)

Ausführungen zum GSS-API (Generic Security Services Application Program Interface) sind bereits in [WWZ+_96] zu finden. Die zur Abgrenzung gegenüber der SSONET-Sicherheitsarchitektur wesentlichen Punkte sollen hier noch einmal festgehalten werden:

Das GSS-API ist unabhängig von den kryptographischen Algorithmen, was es erlaubt, Algorithmen-unaware Anwendungen auf dieses API aufzusetzen und mit den darunter liegenden Algorithmen zu schützen. Das GSS-API beinhaltet die Möglichkeit, dass Nutzer mit höherem Wissensstand auch auf einem spezielleren Level konfigurieren können. Gleichzeitig schafft das GSS-API Transparenz bezüglich der in Hard- oder Software vorliegenden Kryptomodule. All diese Eigenschaften erfüllt auch die SSONET-Architektur. Darüber hinaus unterstützt diese die Aushandlung von Sicherheitspolitiken und -interessen zwischen den Kommunikationspartnern und realisiert somit mehrseitige Sicherheit.

IPv6/IPSec (IETF – Network Working Group)

[Atki_94] beschreibt die Sicherheitsmechanismen, die bei der Umstellung von IPv4 auf IPv6 in das neue Internet Protokoll integriert werden sollen. Dabei handelt es sich um integrierte Sicherheitsfunktionen zum Schutz der Vertraulichkeit, Integrität und Authentizität.

Es werden zwei neue Header für IP-Pakete definiert:

- Authentication Header (AH) für fälschungssichere Unterschriften,
- Encapsulated Security Payload Header (ESP) für die Datenverschlüsselung.

Weiterhin sind zwei Modi verfügbar: der Transport-Mode zur Verschlüsselung der Nutzdaten eines Datagramms und der Tunnel-Mode zur Verschlüsselung des gesamten Datagramms.

Diese Neuerungen in IPv6 definieren einen Standard, der die Möglichkeit bietet, Sicherheitsmechanismen auf Netz- bzw. Paketebene zu integrieren und bieten somit einen wirksamen Schutz gegen Angriffe auf den unteren Netzschichten, (z. B. IP-Spoofing oder TCP-Hijacking-Angriffe), sind allerdings unwirksam gegen Angriffe auf höheren Schichten, z. B. Konfigurations- und Implementierungsfehler in Anwendungsprotokollen.

Von IPv6 wird eine Standarddefinition für die gesicherte Datenübertragung auf Netzschicht angeboten. Die Möglichkeit einer Aushandlung der eingesetzten Mechanismen und Parameter, wie auch eine Konfigurationsunterstützung des Endanwenders ist nicht vorgesehen.

PICA (PICA Alliance)

PICA (Platform Independent Crypto-API) ist eine Allianz von neun Hard- und Softwareunternehmen, die am 17. Oktober 1996 gegründet wurde [PICA_96]. Sie basiert auf den PKCS der Firma RSA und Technologien weiterer beteiligter Firmen. Ihr Ziel ist es hauptsächlich, die durch die zunehmend stärkere Anwendung von Kryptographie möglicherweise auftretenden Interoperabilitätsprobleme auszuräumen. Dabei wird eine Zusammenarbeit mit Standardisierungsgremien wie dem W3C und der IETF angestrebt.

Es sind nur (wenige und veraltete) allgemeine Presseerklärungen zu PICA zu finden, die besonders die oben beschriebene Interoperabilität und die einfache Anwendung des zu entwickelnden Systems hervorheben. Weitergehende Details sind nicht beschrieben; als Ausnahme wird die Intel CDSA als mögliche Komponente von PICA erwähnt.

Es ist problematisch, anhand der wenigen verfügbaren Informationen einen aussagekräftigen Vergleich zwischen SSONET und PICA zu ziehen. Es ist allerdings nicht zu erwarten, dass sich PICA ähnlich wie SSONET auf die Stärkung und Unterstützung des Endnutzers (also mehrseitige Sicherheit) orientiert. Auch bleibt abzuwarten, inwieweit die Ankündigungen in die Tat umgesetzt werden, da die beteiligten Firmen auch in anderen Projekten mit ähnlicher Zielrichtung arbeiten.

SSL bzw. TSL (Netscape Communications)
SSL (Secure Socket Layer) wurde von der Firma Netscape Communicatons entwickelt [FrKK_95]; die aktuelle Version (SSL heißt nun TSL – Transport Layer Security) liegt der IETF als Internet-Draft vor. SSL ist ein Verfahren zur Ende-zu-Ende-Sicherung von Verbindungen, auf dem Protokolle wie ftp, http oder telnet transparent aufsetzen können.

Es bietet Verschlüsselung und Authentisierung auf TCP-Ebene und stützt sich bei asymmetrischen Operationen teilweise auf die PCKS der RSA Data Security Inc.
Es werden gängige Algorithmen für Schlüsselaustausch, Signatur und Verschlüsselung angeboten. Aus den möglichen Kombinationen wurden von Netscape einige bestimmte ausgewählt, die die kryptographischen Fähigkeiten von SSL definieren. Die Einführung weiterer Algorithmen bzw. ihrer Kombinationen behält sich Netscape vor.
Das Ermöglichen einer nutzerseitigen Konfigurierung der zu verwendenden Mechanismen ist dem Anwendungsentwickler überlassen und daraufhin meist recht elementar gehalten (z. B. im Netscape Navigator kann man zwischen zwei symmetrischen Kryptoverfahren wählen).
Die Aushandlung besteht darin, dass der Client dem Server bei Kommunikationsbeginn eine Liste seiner bevorzugten Kryptoverfahren schickt und der Server dann das höchstpriorisierte Verfahren des Clients, das er unterstützen kann, akzeptiert. Unterstützt der Server keins der angeforderten Verfahren, schlägt die Verbindung fehl. Es kann also in diesem Sinne nicht von einer Aushandlung zwischen gleichberechtigten Partnern gesprochen werden.

10.3 Zusammenfassung

Die Ergebnisse der unter dem Aspekt der mehrseitigen Sicherheit besonders interessanten Kriterien werden in diesem Kapitel noch einmal zusammengefasst. Zum Teil werden die gestellten Kriterien von den diskutierten Systemen erfüllt; jedoch unterschiedlich gut. Dies ist sicherlich zum großen Teil in den unterschiedlichen Zielrichtungen der Konzeption der Systeme begründet, wie z. B. Betriebssysteme, Krypto-Bibliotheken und Sicherheitsarchitekturen. Eine weitere Ursache liegt aber in der Herangehensweise an die

Realisierung von Sicherheitsfunktionalität in den Systemen. Bei manchen wurde ein durchgängiges Sicherheitskonzept verfolgt, in anderen Systemen wurde lediglich eine Auswahl von Funktionen implementiert.

Sowohl die Validierbarkeit als auch die Zertifizierung der eingesetzten Software sind Grundvoraussetzungen für die Bildung eines Vertrauensbereiches, der das eigene Rechnersystem des Nutzers einschließt. In der Untersuchung wurde festgestellt, dass bei einigen Ansätzen eine Validierung möglich ist, Zertifizierungen von Sicherheitsarchitekturen liegen aber noch nicht im Bereich der praktischen Realität. Gleichzeitig sind große Defizite bei der Unterstützung der Verwendung zertifizierter Bausteine zu verzeichnen. Die meisten der untersuchten Ansätze verhalten sich neutral gegenüber der eingesetzten Sicherheitspolitik. Das bedeutet aber auch, dass das Konzept der mehrseitigen Sicherheit nicht befriedigend und nicht durchgängig unterstützt wird. Es konnten – außer in SEMPER und PLASMA – keine Ansätze für einen Aushandlungsprozess zwischen den verschiedenen Politiken der Kommunikationspartner gefunden werden. Diese Aushandlung ist jedoch eine wesentliche Bedingung für die Realisierung mehrseitiger Sicherheit in Kommunikationssystemen.

Die angebotene Funktionalität der Systeme kann als zum Teil befriedigend bezeichnet werden. So existieren Ansätze für die Einbindung spezieller (manipulationssicherer) Hardware, jedoch nicht durchgängig. Einige Systeme bieten die Möglichkeit, die angebotene Funktionalität auf spezielle Bedürfnisse der Nutzer abzustimmen. Ein deutliches Defizit liegt derzeit noch in der Unterstützung von Anonymitätskonzepten; sie sind nur in wenigen Systemen realisiert bzw. geplant. Weiterhin kann eingeschätzt werden, dass es bereits gute Sammlungen von kryptographischen Mechanismen und Sicherheitsdiensten gibt. Wünschenswert wäre aber eine durchgängige Realisierung von asymmetrischen Krypto-Verfahren und solchen zur Zertifizierung. Auch werden die vorhandenen Mechanismen auf unterschiedliche Weise (anwendungsspezifisch oder generisch) eingesetzt. Dabei kann es zur Festschreibung unterschiedlicher Sicherheitspolitiken kommen, die so nicht wünschenswert ist.

Als Schlussfolgerungen für Sicherheitsarchitekturen, die die mehrseitige Sicherheit der Nutzer unterstützen sollen, ergibt sich daraus zunächst die Notwendigkeit der Realisierung eines Aushandlungsprozesses, in dem die verschiedenen Sicherheitsanforderungen der Kommunikationspartner formuliert und eine gemeinsame Basis zur Kommunikation ausgehandelt werden kann. Weiterhin ist wünschenswert, dass Nutzer durch die Architektur in die Lage versetzt werden, deren Funktionalität auf ihre Bedürfnisse anzupassen, anonym zu kommunizieren und manipulationssichere Hardware einzusetzen.

Abschließend kann zusammengefasst werden, dass in anderen Systemansätzen oder Standarddefinitionen Konzepte angedacht oder erarbeitet wurden, die auch von SSONET verwendet werden. Aufgrund der abweichenden Fokussierung der Projekte (oft speziell auf Sicherheitsmechanismen) sind Konfiguration, Aushandlung und Sicherheitstransformation meist nur in Ansätzen realisiert oder beschrieben, so dass hier für das Projekt SSONET Forschungs- und Entwicklungsbedarf bestand. Das gilt besonders für die Neuheiten in SSONET, nämlich: die umfassende nutzerseitige Konfigurierung, die Aushandlungsmöglichkeiten und das Konzept der Sicherheitsgateways.

11 Ausblick

Rückblick

SSONET ist ein Projekt, in dem *eine* Möglichkeit zur Konzeption und Implementierung einer Architektur für mehrseitige Sicherheit umgesetzt wurde. Es wurden neue Konzepte entwickelt, wobei zur Reduzierung der Komplexität teilweise vereinfachte Varianten implementiert wurden. Insgesamt ist SSONET ein Schritt auf dem Weg zur Entwicklung mehrseitig sicherer Anwendungen und zur Sensibilisierung der Endbenutzer für die Problematik von IT-Sicherheit, indem Spielräume und Grenzen aufgezeigt wurden.

Ergebnisse

Als wichtigstes Ergebnis des Projektes SSONET wurde gezeigt, dass *mehrseitige* Sicherheit mit verhältnismäßig geringem Mehraufwand für Anwendungsentwickler und Endbenutzer umsetzbar ist. Es wurde eine *einfache* Möglichkeit geschaffen, sichere Verbindungen aufzubauen, die plattformunabhängig und unabhängig von konkreten Mechanismen-Implementierungen ist.

Weiterer Handlungsbedarf

Aufsetzend auf den erreichten Ergebnissen könnten u. a. zwei Dinge zum weiteren Ausbau und Einsatz der Ergebnisse beitragen. Wichtig wäre, einen Feldversuch mit Anwendungsentwicklern und Endbenutzern durchzuführen, um die in begrenztem Umfang u. a. mit Psychologen diskutierten Konzepte und Implementierungen in der Praxis zu testen. Ein zweiter wichtiger Schritt für Systeme wie SSONET ist die Integration in Anwendungen, die am Markt etabliert sind. Dadurch ist es möglich, Resonanz zu erhalten und Benutzer für Sicherheitsprobleme und vorhandene Lösungen zu sensibilisieren.

Weiterer Forschungsbedarf

Bewusst ausgeblendet wurde in SSONET die *Konfigurierung und Aushandlung von Protokollen* bzw. die Zusammensetzung von *Protokollschritten* zur Erreichung eines Schutzzieles (wie zum Beispiel blinde Signaturen). Damit werden Sicherheitsprotokolle als fest vorgegeben betrachtet, und ihre Struktur ist nicht aushandelbar. Diese Vereinfachung reduziert die Komplexität der zu lösenden Problemstellung erheblich, weil dadurch einfachere Modularität des Systems und eine einfachere Konzeption von Konfigurierung und Aushandlung möglich wurden.

Die Konfigurierung zusammengesetzter Protokolle würde einen hohen Wissensstand vom Endbenutzer fordern, und zwar nicht nur über einzelne Sicherheitsmechanismen, sondern auch über das Zusammenwirken kryptographischer Verfahren und Algorithmen sowie organisatorisch-rechtlicher Rahmenbedingungen. Außerdem würde es von Entwicklern einer Sicherheitsarchitektur die Bereitstellung einer entsprechenden Schnittstelle, die alle Facetten eines zusammengesetzten Protokolls beachtet, erfordern.

Es wird außerdem als sehr aufwendig eingeschätzt, aus Teilmodulen zusammensetzbare Sicherheitsprotokolle konfigurierbar zu gestalten. Unsere These ist: Es gibt wenige auf diese Weise noch handhabbare Protokolle, und diese haben so viele spezifische Eigenschaften, dass sie vielleicht auch gleich als einzelne, „proprietäre“ Systeme umgesetzt werden könnten. Das heißt, der Wunsch nach einer generischen Architektur erscheint an dieser Stelle illusorisch.

Umgekehrt gilt: Wenn es gelänge, eine Strukturierung vorhandener Teilprotokolle vorzunehmen und eine Benutzungsschnittstelle mit einer entsprechend zutreffenden Auswahl an Protokollschritten pro Schutzziel zu erstellen, ergäbe dies eine essentielle Erweiterung des SSONET-Horizontes und brächte einen großen Fortschritt für die Aufbereitung und das Erlernen von Wechselwirkungen im Sicherheitsbereich mit sich.

12 Anhang

12.1 Literatur

Alte_92 S. Alter: Information Systems: A Management Perspective. Addison Wesley, 1992

Anon_98 Anonymizer, Inc., http://www.anonymizer.com/, 1998

Atki_94 R. Atkinson: Ipv6 Security Architecture. Internet Draft, Naval Research Laboratory, 1994

BaBl_96 T. Baldin, G. Bleumer: CryptoManager++: an object oriented software library for cryptographic mechanisms. IFIP/Sec '96, Chapman & Hall, London 1996, 489-491

BCMM_95 A. Bosselaers, R. Cramer, R. Michelsen u.a.: Deliverable Functionality of the Basic Protocols. ESPRIT 7023 CAFE Document IHS8341, CAFE Public Report - Preprint 1995

BKMS_96 I. Biehl, H. Kenn, B. Meyer, J. Schwarz, C. Thiel: LISA – Library for Secure Applications. Universität des Saarlandes, 1996

CC2_98 Common Criteria for Information Technology Security Evaluation – Part 2: Security functional requirements. Version 15408-2 FDIS, ISO/IEC SC27 N2162, 15.11.1998.

CDSA The Common Data Security Architecture. http://developper.intel.com/ial/security/specifications.htm

CFHM_98 M. Carpenter, P. Ford-Hutchinson, T. Hudson, E. Murray: Securing FTP with TLS. INTERNET-DRAFT, 28th January, 1998

Cha8_85 David Chaum: Security without Identification: Transaction Systems to make Big Brother Obsolete; Communications of the ACM 28/10 (1985), pp. 1030-1044

Cryptix_99 Cryptix 3. http://de.cryptix.org/products/cryptix31/, 1999

Davi_97 G. B. Davis (Ed.): The Blackwell Encyclopaedic Dictionary of Management Information Systems. Blackwell, 1997

DIN_88 DIN 66 234 Teil 8: Bilschirmarbeitsplätze, Grundsätze der Dialoggestaltung. Berlin: Beuth, 1988

EbOO_94 E. Eberleh, H. Oberquelle, R. Oppermann (Hrsg.): Einführung in die Software-Ergonomie. 2. Auflage, Walter de Gruyter, 1994

EISS_90 Europäisches Institut für Systemsicherheit: Jahresbericht 1989/90

Fede_99 H. Federrath: Sicherheit mobiler Kommunikation. DuD-Fachbeiträge, Vieweg, 1999

FePf_97 H. Federrath, A. Pfitzmann: Bausteine zur Realisierung mehrseitiger Sicherheit. In: Günter Müller, Andreas Pfitzmann: Mehrseitige Sicherheit in der Kommunikationstechnik – Verfahren, Komponenten, Integration. Addison Wesley Longman, 1997, pp. 83-104

FFKK_93 O. Fries, A. Fritsch, V. Kessler, B. Klein: Sicherheitsmechanismen: Bausteine zur Entwicklung sicherer Systeme. REMO-Arbeitsberichte. R. Oldenbourg, 1993

FlJe_97 M. Florian, M. Lehmann-Jessen: TeleDelphi: Expertenbefragung über die Sicherheit in der Kommunikationstechnik. http://www.tu-harburg.de/tbg/Deutsch/Projekte/teledelphi-projekt.html, 1997

FMRS_94 W. Fumy, G. Meister, M. Reitenspieß, W. Schäfer (Hrsg.): Sicherheitsschnittstellen – Konzepte, Anwendungen und Einsatzbeispiele. Proceedings des Workshops Security Application Programming Interfaces'94, München, 17./18. November 1994

FrKK_95 A. O. Freier, P. Karlton, P.C. Kocher: The SSL Protocol, März 1996, http://home.netscape.com/eng/ssl3/ssl-toc.html

GaPS_98 G. Gattung, U. Pordesch, M.J. Schneider: Der mobile persönliche Sicherheitsmanager. GMD Report 24, GMD-Forschungszentrum Informationstechnik GmbH, 1998

GeKo_95 M. Gehrke, E. Koch: A Security Platform for Future Telecommunication Applications and Services. In Proc. of the 6th Joint European Networking Conference (JENC6), Israel, 1995, http://www.igd.fhg.de/www/igd-a8/ pub/pub.html

GGPS_97 G. Gattung, R. Grimm, U. Pordesch, M.J. Schneider: Persönliche Sicherheitsmanager in der virtuellen Welt, in: Günter Müller, Andreas Pfitzmann (Hrsg.): Mehrseitige Sicherheit in der Kommunikationstechnik, Addison-Wesley-Longman 1997, pp. 181-205

GoWa_97 I. Goldberg, D. Wagner: TAZ Server and the Rewebber Network.http://www.cs.berkeley.edu:80/~daw/classes/cs268/ taz-www/rewebber.html

GrHe_96 R. Grimm, T. Hetschold: Security policies in OSI-management experiences from the DeTeBerkom project BMSec. In: Computer Networks and ISDN Systems 28, 1996

Grim_94 R. Grimm: Sicherheit für offene Kommunikation – Verbindliche Telekooperation. Sicherheit in der Informations- und Kommunikationstechnik, Band 4, Hrsg: P. Horster, BI Wissenschaftsverlag, 1994

HäKK_92 H. Härtig, O. Kowalski, W. Kühnhauser: The BirliX Security Architecture. In: Journal of Computer Security, 2(1). 5-21, 1993

Hugh_96 L. J. Hughes, Jr.: Actually Useful Internet Security Techniques, New Riders Publishing, Indianapolis, 1996

ISO_91 ISO 9241: Ergonomic requirements for Office Work with Visual Display Terminals, Part 10: Dialogue Principles. Committee Draft, September 1991

ISO_97 ISO 9241: Ergonomische Anforderungen für Bürotätigkeiten mit Bildschirmgeräten, Teil 11: Anforderungen an die Gebrauchstauglichkeit – Leitsätze, 1997 (ISO/DIS 9241-11:1997)

ITEH_90 ZSI (Hrsg.): IT-Evaluationshandbuch: Handbuch für die Prüfung der Sicherheit von Systemen der Informationstechnik (IT), Bundesanzeiger, Köln, Februar 1990

ITSK_89 ZSI (Hrsg.): Kriterien für die Bewertung der Sicherheit von Systemen der Informationstechnik - IT-Sicherheitskriterien, Bundesanzeiger, Köln, Juni 1989

Kann_94 R. Kanne: Eine objektorientierte Klassenbibliothek für kryptographische Systeme; Diplomarbeit an der Universität Hildesheim, 1994

Kohl_96 U. Kohl: Benutzerbezogene Datensicherheit in Kommunikationssystemen. Dissertation, Universität Freiburg, Fortschritt-Berichte VDI, Reihe 10 Nr. 446, VDI, Düsseldorf, 1996

Kran_96 A. Krannig: PLASMA – Platform for Secure Multimedia Applications. In: Proc. Communications and Multimedia Security II, Essen, 1996

Link1_96 R. Linke: POLIKOM -- Projekt POLIVEST -- Zielsetzung und Inhalt. 29.07.1996, http://www.sni.de/public/uk_sys/future/polivest/project.htm

Link2_96 R. Linke: POLIVEST Lösungsarchitektur. 29.07.1996, http://www.sni.de/public/uk_sys/future/polivest/solution.htm

Linn_93 J. Linn: „Generic Security Service Application Program Interface", RFC 1508, 1993

MICO MICO is COrba. http://www.mico.org, ohne Jahresangabe

MPSC_93 S. Muftic, A. Patel, P. Sanders, R. Colon u. a.: Security Architecture for Open Distributed Systems. Wiley, Chichester 1993

NeLe_97 G. C. Necúla, P. Lee: Research on Proof-Carrying Code for Untrusted-Code Security; In: Proceedings of the 1997 IEEE Symposium on Security and Privacy, Oakland, 1997

NeSc_78 R. M. Needham, M. D. Schroeder. Using Encryption for Authentication in Large Networks of Computers. Communications of the ACM 21/12 (1978)

OMG_97 OMG: Security Service Specification. In: CORBAservices: Common Object Services Specification. Chapter 15, November 1997

Oppe_94 R. Oppermann: Individualisierung von Benutzungsschnittstellen. In: E. Eberleh, H. Oberquelle, R. Oppermann (Hrsg.): Einführung in die Software-Ergonomie. 2. Auflage, Walter de Gruyter, 1994

OpRe_94 R. Oppermann, H. Reiterer: Software-ergonomische Evaluation. In: E. Eberleh, H. Oberquelle, R. Oppermann (Hrsg.): Einführung in die Software-Ergonomie. 2. Auflage, Walter de Gruyter, 1994

Paul_97 V. Paulsen: POLITeam: Digital Signatures. 15.01.1997, http://orgwis.gmd.de/projects/POLITeam/signature/

Pfit_93 Andreas Pfitzmann: Technischer Datenschutz in öffentlichen Funknetzen. DuD 8/93, pp. 451-463.

PICA_96 Apple, IBM, JavaSoft, Motorola, Netscape, Nortel, Novell, RSA and Silicon Graphics Announce PICA Crypto-Alliance, http://www.rsa.com/PRESSBOX/releases/pica_rel_101796.html

PiRi_94 J-M. Piveteau, H. P. Rieß: Eine generische Sicherheitsarchitektur für Telekommunikationsnetze. In: Proc. der Fachtagung Sicherheit in Informationssystemen, Schweiz, 1994

Poli_95 bmb+f Förderinitiative Telekooperation -- POLIKOM. http://www.gmd.de/IBE/bmbf/polikom/

PPSW_97 A. Pfitzmann, B. Pfitzmann, M. Schunter, M. Waidner: Trusting Mobile User Devices and Security Modules. Computer 30/2 (1997), pp. 61-68

PSWW_96 Andreas Pfitzmann, Alexander Schill, Guntram Wicke, Gritta Wolf, Jan Zöllner: 1. Zwischenbericht SSONET, http://mephisto.inf.tu-dresden.de/RESEARCH/ssonet/reports.html, 31.08.96, p. 34

PSWW_98 A. Pfitzmann, A. Schill, A. Westfeld, G. Wicke, G. Wolf, J. Zöllner: A Java-based distributed platform for multilateral security. Proc. of TREC '98, LNCS 1402, Springer, pp. 52-64

PSWW1_99 A. Pfitzmann, A. Schill, A. Westfeld, G. Wicke, G. Wolf, J. Zöllner: Flexible mehrseitige Sicherheit für verteilte Anwendungen. In: R. Steinmetz (Hrsg.): Kommunikation in Verteilten Systemen, 11. ITG/GI-Fachtagung, Darmstadt, 1999, Springer, pp. 130-143

PSWW2_99 A. Pfitzmann, A. Schill, A. Westfeld, G. Wicke, G. Wolf, J. Zöllner: Systemunterstützung für mehrseitige Sicherheit in offenen Datennetzen. In: Informatik, Forschung und Entwicklung, 14/2 1999, Springer, Berlin, pp. 95-108

RaPM_97 K. Rannenberg, A. Pfitzmann, G. Müller: Sicherheit, insbesondere mehrseitige IT-Sicherheit. In G. Müller, A. Pfitzmann (Hrsg.): Mehrseitige Sicherheit in der Kommunikationstechnik; Addison-Wesley, 1997, pp. 21-29; Nachdruck von: Kai Rannenberg, Andreas Pfitzmann, Günter Müller: Sicherheit, insbesondere mehrseitige IT-Sicherheit. it+ti 38/4 (1996), pp. 7-10

RDFR_97 M. Reichenbach, H. Damker, H. Federrath, K. Rannenberg: Individual Management of Personal Reachability in Mobile Communication. IFIP SEC '97, Chapman & Hall, London, pp. 163-174

RDLM_95 Kai Rannenberg, Herbert Damker, Werner Langenheder, Günter Müller: Mehrseitige Sicherheit als integrale Eigenschaft von Kommunikationstechnik – Kolleg „Sicherheit in der Kommunikationstechnik“ eingerichtet. In: Kubicek, Müller, Neumann, Raubold, Roßnagel (Hrsg): Jahrbuch „Telekommunikation & Gesellschaft“ 1995, R. v. Decker's Verlag, Heidelberg 1995, pp. 254-260

ReRu_97 M. Reiter, A. Rubin: Crowds: Anonymity for Web Transactions. DIMACS Technical Report 97-15. http://www.research.att.com/projects/crowds/

Safe SaferCom - Datenschutz und Datensicherheit für verteilte Klinikanwendungen, Dokumentation eines Studienprojektes der Abteilung Telematik des Instituts für Informatik und Gesellschaft (IIG) und des Klinikrechenzentrums (KRZ) der Albert-Ludwigs-Universität Freiburg sowie des Europäischen Zentrums für Netzforschung (ENC) und der IBM Deutschland Informationssysteme GmbH, ohne Jahresangabe

Schi_97 A. Schill: DCE – Das OSF Distributed Computing Environment: Grundlagen und Anwendung, 2., erweiterte Auflage, Springer, 1997

SecuDE SECUDE Overview. http://saturn.darmstadt.gmd.de/TKT/security/secude/

Shne_92 B. Shneiderman: Designing the user interface – strategies for effective human computer interaction. Addison-Wesley Publishing Company, 1992

SSL_97 Netscape Communications Inc.: The SSL Protocol, 1997

SSONET SSONET – Sicherheit und Schutz in offenen Datennetzen http://www.mephisto.inf.tu-dresden.de/RESEARCH/ssonet/ssonet.html, 1999

Voll_95 S. Vollmer: GMD Security Technology - Project SAMSON. 09.11.1995, http://saturn.darmstadt.gmd.de/TKT/security/samson/

Waid_96 M. Waidner: Development of a Secure Electronic Marketplace for Europe. In: E. Bertino, H. Kurth, G. Martella, E. Monolivo: „Computer Security – ESORICS 96“, LNCS 1146, Springer, Berlin 1996, 1-14

Wiew_96 E. Wiewall: Secure Your Applications with the Microsoft CryptoAPI. In: Microsoft Developer Network News, 3/4 1996, Microsoft Press

Wolf_98 G. Wolf: Generische, attributierte Aktionsklassen für mehrseitig sichere, verteilte Anwendungen. In: Proc. Workshop Sicherheit und Electronic Commerce, Oktober ’98, Essen, Vieweg, pp. 31-46

WPSW_97 G. Wolf, A. Pfitzmann, A. Schill, A. Westfeld, G. Wicke, J. Zöllner: Sicherheitsarchitekturen: Überblick und Optionen, In: Günter Müller, Andreas Pfitzmann: Mehrseitige Sicherheit in der Kommunikationstechnik – Verfahren, Komponenten, Integration. Addison Wesley Longman, 1997, pp. 221-251

WWWZ1_98 A. Westfeld, G. Wicke, G. Wolf, J. Zöllner: Generalisierung und Implementierung der Sicherheitsarchitektur. Zwischenbericht zum 30.04.1998. TU Dresden, April 1998

WWZ+_96 G. Wicke, G. Wolf, J. Zöllner, U. Danz, A. Graubner: Sicherheitskonzepte am Beispiel konkreter Anwendungen - 2. Zwischenbericht. Projektbericht SSONET. TU Dresden, Dezember 1996

ZlRo_96 G. Zlotkin, J. S. Rosenschein: Mechanism Design for Automated Negotiation, and its Application to Task Oriented Domains, Journal of Artificial Intelligence. 86/2 (1996), 195-244

ZSIe_89 ZSI -Zentralstelle für Sicherheit in der Informationstechnik (Hrsg.): IT-Security Criteria – Criteria for the Evaluation of Trustworthiness of Information Technology (IT) Systems. 1st Version; Köln, Bundesanzeiger, 1989

12.2 Kurzbeschreibungen

12.2.1 Kurzbeschreibung für die Installation

Inhalt der CD

Die CD enthält neben den Beispielanwendungen für die Demonstration der SSONET-Architektur ausgewählte Veröffentlichungen im Verzeichnis "Publikationen".

README.TXT: In diesem Dokument finden Sie neueste oder ergänzende Informationen zur Dokumentation der SSONET-CD.

Systemvoraussetzungen

Die mitgelieferte Java-Laufzeitumgebung läuft unter Windows 95, Windows98 oder Windows NT 4.0 auf Intel- oder kompatibler Hardware. Ein 486/DX oder schnellerer Prozessor mit wenigstens 48 MB Hauptspeicher ist empfehlenswert.

Installation und Deinstallation

Beim Installieren der SSONET-CD müssen Sie eine Reihe von Entscheidungen treffen. Die folgenden Informationen leiten Sie durch die Auswahlmöglichkeiten.

Es ist empfehlenswert, die Installationsdateien vor der Installation von der CD in ein Verzeichnis auf der Festplatte zu kopieren (z. B. c:\ssonetcd). Die Kopie der Installationsdateien belegt auf Ihrer Festplatte etwa 30 MB. (Die Verzeichnisse "src" und "Publikationen" werden zur Ausführung nicht benötigt.) Das verkürzt die Wartezeiten bei der Ausführung der Beispiele erheblich, denn die Programme werden immer aus dem Verzeichnis gelesen, aus dem auch die Installation eines "SSONET-Teilnehmers" (z. B. Kunde, Händler) gestartet wurde.

SSONET ist eine Architektur für *verteilte* Anwendungen. In einer verteilten SSONET-Anwendung gibt es verschiedene SSONET-Teilnehmer, die über das Netzwerk geschützt kommunizieren wollen. Das Installationsprogramm auf der SSONET-CD kann mehrere Teilnehmer auf *einem* Rechner installieren, die sich lokal adressieren (Netzwerkadresse: localhost). Für jeden Teilnehmer müssen Sie ein gesondertes Zielverzeichnis für die Installation angeben (z. B. c:\Kunde, c:\Haendler), damit die Grundkonfigurationen für die Sicherheitsmechanismen unabhängig voneinander durchgeführt werden können.

Um z. B. einen SSONET-Teilnehmer im Verzeichnis c:\Kunde zu installieren, starten Sie die Stapelverarbeitungsdatei INSTALL.BAT .

Falls Sie die Installationsdateien kopiert in das Verzeichnis c:\ssonetcd kopiert haben, starten Sie INSTALL.BAT aus dem Verzeichnis c:\ssonetcd. Prinzipiell kann die Installation auch direkt von der CD gestartet werden, jedoch ist dann die CD zur Ausführung der Programme stets nötig und (letzte Warnung) die Ausführung selbst möglicherweise unzumutbar langsam. Das Installationsprogramm fragt Sie nach einem Zielverzeichnis (und schlägt c:\ssonet vor). Im Zielverzeichnis werden ungefähr 520 KB freier Speicherplatz benötigt. Tragen Sie in das sichtbare Textfeld den Namen des Zielverzeichnisses ein: c:\Kunde . Nach Beenden der Installation können Sie in das Verzeichnis c:\Kunde wechseln und dort die folgenden Start-Dateien finden:

blitz.bat	für den Server des Händlers Blitz-Versand
elegant.bat	für den Server des Händlers Elegant-Moden
kunde.bat	für den Client der Teleshoppinganwendung (Kataloganwendung auf Kundenseite)
gk.bat	für die Grundkonfiguration
gateway.bat	für den Gatewayprovider Vertraulichkeit (Confidentiality)
stree.bat	für den Statusmonitor (zur Anzeige der Aushandlungsergebnisse)
goals.bat	für die Beispiel-Anwendung mit erweiterter Schutzzielkonfiguration

Wiederholen Sie den Installationsprozess und geben Sie als Zielverzeichnis z. B. c:\Haendler an.

Nach erfolgter Installation befindet sich im Zielverzeichnis (z. B. c:\ssonet) die Datei teleshopping.txt. Sie enthält Informationen zur Nutzung der Teleshopping-Anwendung.

Wenn Sie Kataloge ändern, neu erstellen oder auf einem anderen System benutzen wollen, finden Sie Hilfestellung dazu in der Datei {Zielverzeichnis}\cfg\catalog\readme.txt.

Zur Deinstallation löschen Sie das betroffene Verzeichnis (z. B. c:\Kunde).

12.2.2 Quelltexte

Die CD enthält im Verzeichnis \src auch die Quelltexte der Beispielanwendungen. Darüber hinaus sind auch einige experimentelle (oder besser: weitere experimentelle) Quelltexte enthalten, die auf der CD nicht übersetzt vorliegen und auch nur schlecht dokumentiert sind. Unter src/sproxy finden Sie die (unvollendeten) Quelltexte von SSONET-Sicherheits-Proxies für die Protokolle FTP und POP3. Sie wurden nur mit einem Telnet-Client getestet.

Unter src/client_server befindet sich das Beispiel "Hello Trusted World" für SSONET. Das wird auch mit installiert: s.bat/c.bat starten Server bzw. Client.

Eine Fehlermeldung beim Server ist normal, da der Client nach 5 Übertragungen die Verbindung kappt. Auch dieses Beispiel ist für experimentierfreudige Programmierer gedacht, die einen überschaubaren Einstieg in die Verwendung der SSONET-Architektur suchen, um eigene Anwendungen anzupassen.

Hinweis: In \src\src.zip befinden sind alle Quelltexte archiviert. Es ist empfehlenswert, dieses Verzeichnis zu entpacken anstelle die entpackten Dateien von der CD zu kopieren, denn von CD kopierte Dateien sind schreibgeschützt, was lästigerweise einen zweiten Schritt erfordert (Löschen des R-Attributes).

mk.bat ("make") funktioniert im Verzeichnis "\ssonet_cd\src".

E-Mail: ssonet@inf.tu-dresden.de

12.2.3 Kurzbeschreibung Anwendungsnutzung mit SSONET

Ihre verteilte Anwendung Teleshopping 3.0 nutzt die SSONET-Architektur zur Sicherung der Teleshopping-Aktionen. Dies bedeutet, dass Sie für Ihre Teleshopping-Aktionen jeweils Sicherheitswünsche formulieren können. Auf der Basis Ihrer Wünsche führt das System automatisch eine Aushandlung mit Ihrem Kommunikationspartner durch.

Für nähere Erläuterungen:
⇗ *Kurzbeschreibung für Endbenutzer der SSONET-Architektur*

Um Ihre Sicherheitswünsche einzustellen, benutzen Sie den Menüpunkt **Einstellungen**, über den Sie Ihre Sicherheitsanforderungen für die einzelnen Aktionen festlegen können.

Mit Teleshopping 3.0 stehen Ihnen die folgenden Aktionen zur Verfügung, für die Sie Sicherheitswünsche formulieren können:

- Kataloganforderung
- Bestellung

Erläuterungen dazu, wie Sie Ihre Sicherheitswünsche formulieren und dabei von der Benutzungsschnittstelle der SSONET-Architektur unterstützt werden, finden Sie im Kapitel Anwendungskonfiguration.

SSONET- Kurzbeschreibung:
⇗ *Kurzbeschreibung für Endbenutzer der SSONET-Architektur.*

Für die Aktionen von Teleshopping 3.0 schlägt Ihnen der Anwendungsentwickler bereits folgende Einstellungen vor:

	Schutzziel			
Aktion	Vertraulichkeit	Anonymität	Integrität	Zurechenbarkeit
Kataloganforderung	möglichst	möglichst	unbedingt	keinesfalls
Bestellung	unbedingt	egal	unbedingt	unbedingt

12.2.4 Kurzbeschreibung für Endbenutzer der SSONET-Architektur

Die SSONET-Sicherheitsarchitektur bietet eine geeignete Grundlage zum flexiblen Schutz von Kommunikation in verteilten Anwendungen. Sie können Ihre Wünsche für die Schutzziele Vertraulichkeit, Anonymität, Integrität, Zurechenbarkeit und entsprechende Sicherheitsmechanismen formulieren und aushandeln.

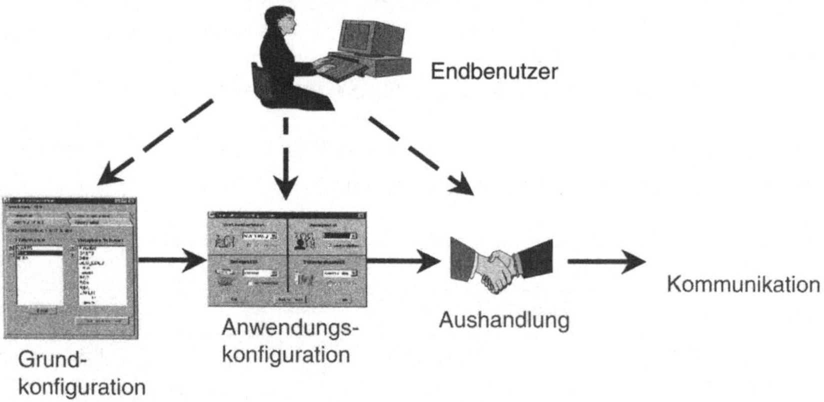

Auf der Grundlage von vorgegebenen Standardvorgaben nehmen Sie die von ihnen gewünschten Sicherheitseinstellungen in der Grund- und Anwendungskonfiguration vor. Anschließend handelt die SSONET-Architektur mit Ihrem Kommunikationspartner über die jeweiligen Einstellungen aus. Mit den ermittelten Sicherheitsmechanismen wird Ihre Kommunikation geschützt.

Grundkonfiguration

In der anwendungsunabhängigen Grundkonfiguration wählen Sie die von Ihnen gewünschten Sicherheitsmechanismen zum Schutz der Kommunikation in Form einer Präferenzliste aus. Dabei modifizieren Sie für jedes Schutzziel eine vorgegebene Liste nach Ihren Wünschen (siehe linkes Dialogfenster).

Mittels des Leistungstests können Sie sich einen Überblick über die Geschwindigkeit der Sicherheitsmechanismen auf Ihrem System verschaffen.

Wenn Sie tiefgehende Kenntnisse über Sicherheitsmechanismen besitzen, können Sie Details wie Betriebsarten, Schlüssellängen oder Zertifikate auswählen (rechtes Dialogfenster).

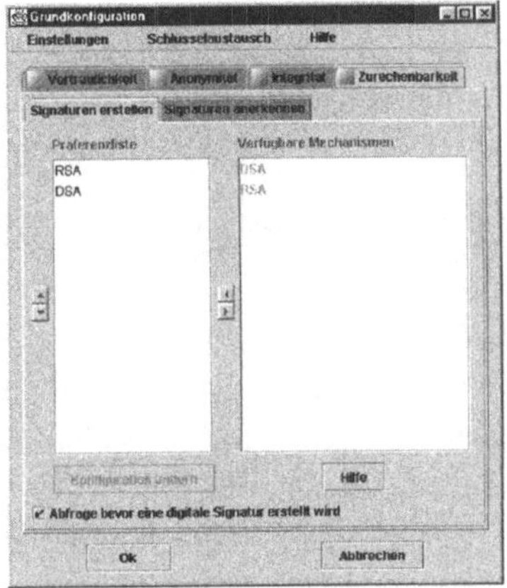

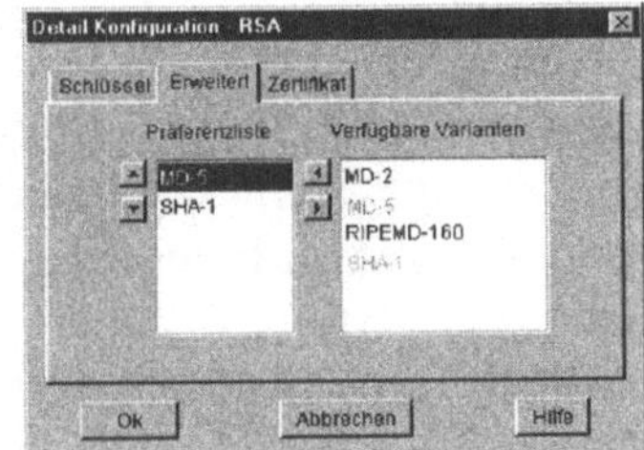

Anwendungskonfiguration

Starten Sie eine Anwendung (↗ *Kurzbeschreibung der Anwendung*), so werden im Dialogfenster für die Anwendungskonfiguration die zuvor festgelegten Standardvorgaben pro Aktion angezeigt. Sie können entsprechend ihren eigenen Schutzzielen andere Präferenzen wählen.

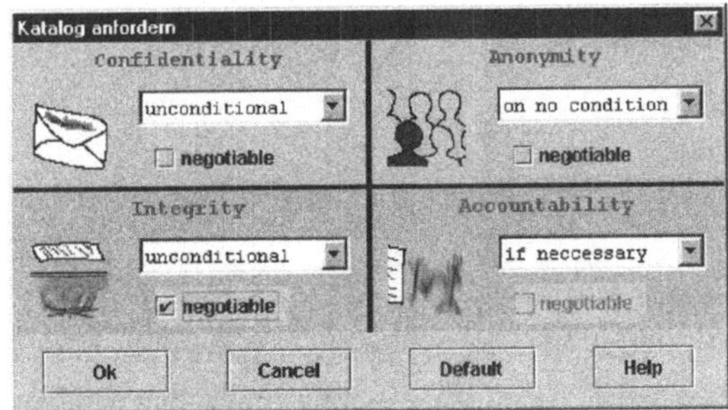

Die Präferenzen haben folgende Bedeutung:

unbedingt: Sie möchten dieses Schutzziel unbedingt durchsetzen.

möglichst: Sie möchten dieses Schutzziel durchsetzen, sind aber bereit, im Interesse der gemeinsamen Kommunikation ungeschützt zu kommunizieren.

egal: Ihnen ist die Entscheidung über dieses Schutzziel nicht wichtig.

notfalls: Sie möchten durchsetzen, dass dieses Schutzziel nicht verfolgt wird, sind aber bereit, im Interesse der gemeinsamen Kommunikation nachzugeben.

keinesfalls: Sie möchten durchsetzen, dass dieses Schutzziel nicht verfolgt wird.

Für die Präferenzen *unbedingt* oder *keinesfalls* klicken Sie auf die Check-Box *verhandelbar*, wenn Sie in der späteren Aushandlung gefragt werden wollen, ob Sie auf den Partner bezogene Ausnahmen vornehmen möchten.

Aushandlung

In der Aushandlung werden Ihre eingestellten Schutzziele mit denen des Partners verglichen. Die SSONET-Architektur prüft, ob gemeinsame Ziele vorliegen und Konflikte bestehen. Im Konfliktfall werden Sie gefragt (entsprechend der getroffenen Einstellung *verhandelbar*), ob sie nachgeben wollen (siehe Dialogfenster). Möchten sowohl Sie selbst als auch Ihr Kommunikationspartner nicht nachgeben, führt dies zum Abbruch der Kommunikation.

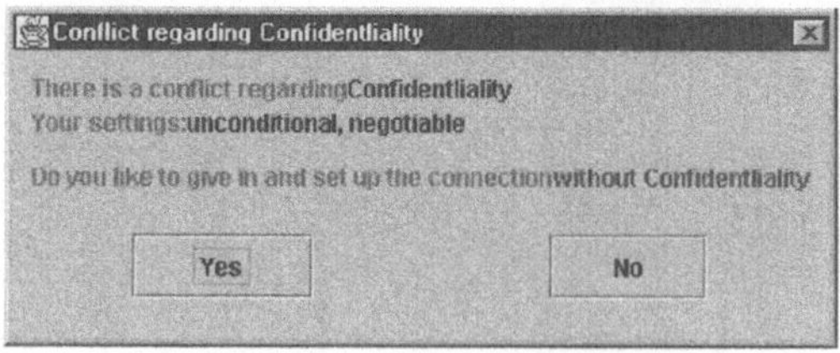

Hat die Architektur Übereinstimmung für die Schutzziele gefunden, bildet sie aus den beiden Präferenzlisten von Ihnen und dem Kommunikationspartner eine Liste der gemeinsam präferierten Sicherheitsmechanismen. Die höchstpräferierten Mechanismen werden zur Sicherung der Kommunikation benutzt. Konnten keine gemeinsam präferierten Mechanismen gefunden werden, wird der Kommunikationsversuch abgebrochen.

Schlüsselzertifikate

Während der Aushandlung wird der Austausch von Sitzungsschlüsseln für gemeinsame Sicherheitsmechanismen vorgenommen. Dafür benötigen Sie zertifizierte Schlüssel. Diese werden automatisch durch die SSONET-Architektur geprüft. Sie müssen darauf achten, dass die zertifizierten Schlüssel zu Ihrem Kommunikationspartner gehören. Vergleichen Sie dazu das folgende Dialogfenster.

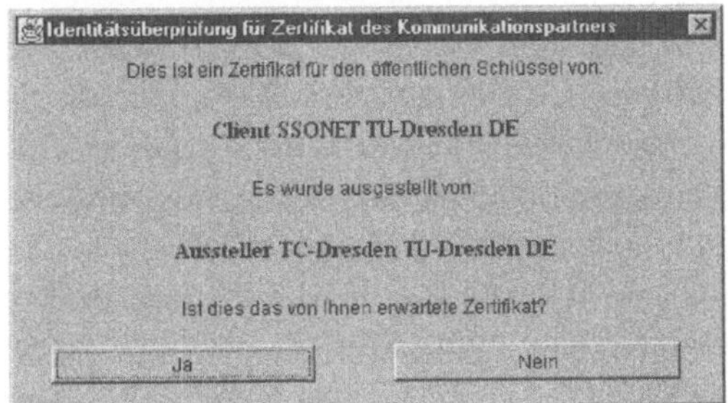

12.3 Lösungen zu den Aufgaben

1-1 Konflikte innerhalb und außerhalb technischer Systeme – Notwendigkeit von Aushandlung

a) Menschen haben verschiedene Interessen. Sobald Menschen mit unterschiedlichen Interessen zusammenarbeiten wollen oder müssen, müssen sie sich um die zwischen ihnen bestehenden Konflikte kümmern.

b) Auch in technischen Systemen müssen die Konflikte bei Zusammenarbeit gelöst werden. Das bedeutet, dass die technischen Systeme Mechanismen und Verfahren bereitstellen müssen, mit denen die Konfliktbehandlung (bzw. -lösung) (im härtesten Fall auch ohne mündliche Absprache) gewährleistet wird.

Beisp.: Alice und Bob unterhalten sich über die Sicherheit von Daten, die per E-Mail verschickt werden. Alice sagt, dass sie zu ihrer Sicherheit alle E-Mails verschlüsselt. Bob sagt, er verschlüsselt seine E-Mail nie. Diese Meinungsäußerungen können so dahingestellt bleiben und erzeugen keine Konflikte, solange Alice und Bob nicht miteinander kommunizieren wollen. Lernen sich Alice und Bob direkt im Internet über E-Mail kennen, treffen ihre verschiedenen Interessen bereits beim ersten Kommunikationsversuch aufeinander. Es muss für sie eine Möglichkeit geben, ihre Interessen im System zu formulieren und das System muss in der Lage sein, eine Aushandlung der Interessen (ggf. mit Nutzerinteraktion) technisch durchzuführen bzw. zu unterstützen.

1-2 Konflikte und ihr Austragen

Die in der Welt (in vielen alltäglichen Situationen) bestehenden Konflikte zwischen Menschen und/oder Organisationen werden ausgetragen. Informationstechnik muss grundsätzlich so gestaltet sein, dass das Austragen von Konflikten weiterhin möglich ist. Darüber hinaus hat die Einführung von Technik aber auch Auswirkungen: Sie kann neue Konflikte hervorrufen, die ohne sie nicht bestanden hätten. Sie kann bestehende Konflikte verstärken. Die Verfügbarkeit von Technik kann aber auch Konflikte aufheben. Zum Beispiel sind Telefone und Telefonanschlüsse inzwischen so preiswert, dass ein zweiter Anschluss eingerichtet werden kann, damit sich zwei Menschen nicht über den Zugriff auf ein einzelnes Telefon verständigen müssen.

Technik kann keine Harmonie in der Welt schaffen, aber im günstigsten Fall kann erreicht werden, dass es trotz Nutzung von Technik nicht mehr Konflikte als in der „realen“ Welt gibt. Technik kann dazu beitragen, dass Konflikte fair ausgetragen werden können oder sogar müssen. Ein Konzept dafür stellt die mehrseitige Sicherheit bereit.

1-3 Was ist mehrseitige Sicherheit?

Sie finden hier einige mögliche Beschreibungen für mehrseitige Sicherheit, die zum Teil unterschiedliche Aspekte dieses Konzeptes betonen:

- Mehrseitige Sicherheit bedeutet die Einbeziehung der Schutzinteressen *aller* Beteiligten sowie das Austragen daraus resultierender Schutzkonflikte beim Entstehen einer Kommunikationsverbindung. [FePf_97]
- Mehrseitige Sicherheit bedeutet somit, dass den einzelnen Kommunikationsteilnehmern ein selbstbestimmter Umgang mit sicherheitstechnischen Funktionen ermöglicht wird, dass eine Aushandlung von Sicherheitsanforderungen zwischen allen Beteiligten möglich ist und dadurch Konflikte um widersprüchliche Anforderungen gelöst oder zumindest entschärft werden können. [FlJe_97]
- Während in den klassischen Sicherheitsmodellen die Sicht des Netzbetreibers im Vordergrund steht, berücksichtigt die mehrseitige Sicht auch und gerade die Sicht der Benutzer. Neben dem Schutz, den die Netze ihren Benutzern bieten, werden die Benutzer auch Mechanismen zum Selbstschutz benötigen, um die Abhängigkeit von anderen zu reduzieren. Damit schützen sich Telekooperationspartner nicht nur gegen Angriffe aus dem Netz, sondern sie wahren auch ihre Interessen gegeneinander, so wie Käufer und Verkäufer Geld und Quittung austauschen, manchmal sogar unter notariellen Augen. [GGPS_97]
- The term multilateral security is therefore used here to describe an approach aiming at a balance between the different security requirements of different parties. In particular, respecting the different security requirements of the parties involved implies renouncing the commonly used precondition, that the parties have to trust each other, and, especially, renouncing the precondition, that the subscribers have to place complete

trust into the service providers. Consequently, each party must be viewed as a potential attacker on the other and the safeguards have to be designed accordingly. [RDFR_97]

- Es erscheint durchaus legitim zu verlangen, dass Nutzer in der Wahrung ihrer Sicherheitsinteressen durch das System gleichberechtigt zu unterstützen sind. Wenn man allen Nutzern zubilligt, dass ihre Sicherheit nicht von der Gutwilligkeit anderer abhängt, sondern nur auf eigenem Verhalten aufbaut, kann man ein System, dass dieses Konzept verwirklicht, mehrseitig sicher nennen. [PSWW_96]

Für historisch Interessierte noch eine ältere, englische Beschreibung:

- The large-scale automated transaction systems of the near future can be designed to protect the privacy and maintain the security of both individuals and organizations. ... Individuals stand to gain in increased convenience and reliability; improved protection against abuses by other individuals and by organizations, a kind of equal parity with organizations, and, of course, monitorability and control over how information about themselves is used. ... the advantages to individuals considered above apply in part to organizations as well. ... Since mutually trusted and tamper-resistant equipment is not required with the systems described here, any entry point to a system can be freely used; users can even supply their own terminal equipment and take advantage of the latest technology. [Cha8_85]

1-4 Electronic Banking – Komfortversion

a) Dies ist für den Kunden zwar sehr bequem, solange er seiner Bank bedingungslos vertraut – denn es gibt bei Streitfällen keine als Beweismittel geeigneten Dokumente. Umgekehrt muss auch die Bank dem Kunden bedingungslos vertrauen – oder darauf, dass sie vor Gericht stets Recht bekommt.

b) Leider nein; bei den heutigen Electronic Banking Systemen erhält die Bank (genauer: ihre Geräte) vom Kunden nichts (genauer: keine digitalen Nachrichten), was sie nicht auch selbst bilden könnte. Selbst PINs und TANs werden von der Bank (bzw. ihrem Rechenzentrum) generiert.

c) Es ändert sich nicht, denn auch hier kann die Bank – sofern sie sich eine Kopie der Schlüssel hat machen lassen – alle Nachrichten selbst bilden, die sie von Kunden erhalten kann. Dies ist bei symmetrischen Authentikationssystemen prinzipiell so. Bei digitalen Signatursystemen wäre es anders, wenn die Kunden ihre Schlüsselpaare selbst erzeugen würden.

1-5 Vertrauenswürdigkeit von Instanzen

Die Welt ist kompliziert, bei vielen zu treffenden Entscheidungen ist man gezwungen, Kompromisse einzugehen. Betrachten wir als Beispiel die Wahl einer Bank für die Kontoführung. Jede Bank bietet ein anderes Leistungsspektrum. So kann es sein, dass gerade die Bank, die die lukrativsten Kontoführungsbedingungen anbietet, nur unbefriedigende Sicherheit für ihre Transaktionen leistet. Oder Sie wollen Ihr Konto unbedingt bei der Bank führen, deren Geschäftstelle um die Ecke liegt – wenn dies das wichtigste Kriterium ist, müssten sie deren Rahmenbedingungen akzeptieren.

Problematisch für die Gewährleistung einer Vertrauensbeziehung kann also sein, dass man sich manchmal nicht aus einer Gruppe den Vertrauenswürdigsten für seine Aufträge aussuchen kann. Manchmal muss man z. B. einfach mit einem Anbieter kommunizieren, weil dieser das Angebot hat, das mich interessiert.

Dies ist besonders problematisch im Hinblick auf die dynamischen Märkte, die sich zur Zeit im Internet entwickeln. Eine immer größere Menge an Online-Händlern etabliert sich im Internet, darunter neben inzwischen weltweit vertretenen auch viele unbekannte. Hier ist das Risiko besonders groß, dass solche Händler „über Nacht" mitsamt dem eingenommenen Geld und ohne erfolgte Dienstleistung oder Warenlieferung wieder verschwinden oder Trojanische Pferde in das System des Kunden einschleusen. Es ist also auch im Bereich des Onlineshoppings wichtig, vertrauenswürdige Kommunikationspartner zu wählen.

1-6 Sichere Endsysteme

a) Es sind u.a. folgende Angriffe auf lokale Endsysteme mit den genannten Auswirkungen denkbar:

1. physisches Auslesen der Daten des Endgeräts:

Der Angreifer kann sich als die Person ausgeben, die dieses Endgerät sonst benutzt (Impersonation), da ihm alle zur Authentikation gegenüber Kommunikationspartnern erforderlichen Daten bekannt sind.

2. physische Zerstörung der Daten oder des Endgeräts (durch einen Angreifer oder Gerätefehler):

   Der rechtmäßige Nutzer hat den Verlust seiner Daten oder des ganzen Geräts mit allen Konsequenzen (z. B. Unfähigkeit zur Kommunikation, Authentikation, Abwicklung von Geschäften) zu beklagen.

3. Manipulation der Funktionalität:

   Ein Angreifer, der z. B. durch die Einschleusung Trojanischer Pferde das Gerät eines Nutzers manipulieren kann, kann u.a. die Integrität von Daten beeinflussen (z. B. kann er falsche Nachrichten signieren); er kann aber auch die Verfügbarkeit von Daten manipulieren (vgl. Antwort 2). Ein Angreifer hat auch die Möglichkeit der Impersonation (vgl. Antwort 1).

b) Durch die folgenden Maßnahmen können die beschriebenen Angriffe vereitelt werden:

1. physisches Auslesen der Daten des Endgeräts:

   Gegen Impersonation nach Auslesen der Daten können Sie sich schützen, indem Sie einen Teil der zur Authentikation notwendigen Daten entweder im Kopf behalten oder aber verschlüsselt auf einem speziellen, hoffentlich nicht auslesbaren Sicherheitsmodul (wie z. B. Chipkarten oder PDAs) speichern.

2. physische Zerstörung der Daten oder des Endgeräts (durch einen Angreifer oder Gerätefehler):

   Gegen Datenverlust können Sie sich durch regelmäßiges Backup weitgehend schützen, gegen Diebstahl des Endgerätes durch entsprechende physische Sicherungsmaßnahmen. Ist das Gerät zerstört worden, hilft nur eine Neuanschaffung.

3. Manipulation der Funktionalität:

   Unter anderem das Testen jeder zu ladender oder zu installierender Software durch vertrauenswürdige Dritte oder den Nutzer selbst schützt vor Manipulation der Funktionalität durch Angreifer. Nicht akzeptabel sind Ratschläge wie: keine Software zu laden, zu installieren oder den Rechner nicht an Netze anzuschließen. Ausführlicher wird der Schutz vor Manipulation in [PPSW_99] behandelt.

Im Gegensatz zum Angriff 1, wo einmal ausgelesene Daten offenbart wurden und nicht wieder geschützt werden können, kann eine Manipulation eventuell beendet werden, wenn die manipulierende Software identifiziert wird.

c) Kann ein Angriff nicht vereitelt werden, schlagen dessen Auswirkungen zu. Sie besitzen kein sicheres Endsystem mehr und können – da sichere Endgeräte eine zwingende Voraussetzung für die erfolgreiche Umsetzung sicherer Kommunikation sind – nicht davon ausgehen, dass Ihre Kommunikation hundertprozentig sicher sein kann.

1-7 Kommunikationssicherheit

a) Lokale Systeme können physisch geschützt und kontrolliert werden (vgl. Aufgabe 1–6). Das gilt eingeschränkt auch noch für lokale Netzte (LANs), die meist in Gebäuden untergebracht sind. Nicht mehr möglich ist die Kontrolle für Kommunikationssysteme, die größere geographische Ausdehnungen besitzen (wie z. B. WANs) oder den freien Raum als Übertragungsmedium nutzen (Funknetze). Die Kommunikation geschieht hier über Domänen hinweg, in denen potentielle Angreifer herrschen. Gegen den Zugriff auf Daten oder die Manipulation von Daten durch solche Angreifer schützt Kommunikationssicherheit.

b) Kommunikation ist allgemein behandelbar (Bits werden von A nach B geschickt, unabhängig davon, was die Anwendung ist). Datenverarbeitung hingegen ist sehr anwendungsspezifisch und entzieht sich damit einer allgemeinen Darstellung bzw. Behandlung.

2-1 Was sind Ihre Schutzziele?

Egal wie Sie sich entschieden haben – wir möchten ein paar Argumente und Gefahren diskutieren: Manche Menschen würden es bevorzugen, nur Werbung über solche Branchen und Produkte zu erhalten, für die sie sich interessieren (*personenbezogene, interessenbezogene Werbung*). So werden sie nicht von uninteressanten Werbesendungen überhäuft. Wichtig zu wissen ist jedoch, dass werbende Firmen nicht nur Adress-, sondern auch Interessensdaten über einen (potenziellen) Kunden sammeln müssen, um dies zu realisieren; sie erstellen sogenannte *Nutzerprofile*, in denen Kundendaten abgespeichert werden. Damit kann die Vertraulichkeit, Anonymität und Unbeobachtbarkeit für den Kunden beeinträchtigt werden. Werden Nutzerprofile erstellt, sollte zunächst sichergestellt sein, dass der Nutzer ein Auskunftsrecht darüber hat, welche Daten in seinem Profil gespeichert sind. Weiterhin sollte der Nutzer darauf achten, dass dem Ersteller von Nutzerprofilen trotzdem möglichst wenige Informationen zur Verfügung gestellt werden. Werden solche Profile erstellt (und ist personenbezogene Werbung vom Kunden erwünscht) sollten die Profildaten auch deshalb durch den Kunden überprüfbar und modifizierbar sein, um z. B. der Entwicklung neuer Interessen Rechnung tragen zu können. Die Entwicklung von Interessen kann auch ein Argument dafür sein, dass ein Kunde *sämtliche Werbung der Firmen* erhalten möchte. Er traut Dritten nicht zu, die Auswahlentscheidung für ihn zu treffen und möchte seinen Wissensstand über Angebote ständig erweitern. Manche Menschen möchten *gar keine Werbung* erhalten. Dadurch kann u.a. vermieden werden, dass Firmen Daten über sie sammeln, dass Kunden unerwünschter Kommunikation ausgesetzt sind und dass sie überflüssige Daten zu verarbeiten haben. Dies betrifft in herkömmlichen wie auch in digitalen Systemen Arbeitsschritte wie Posteingang, Speicherung, Lesen, Nachdenken (Verarbeiten) und Entsorgen der Nachricht. Somit kann durch eine Überhäufung mit Werbung im Extremfall die Verfügbarkeit des Systems bzw. von Systemressourcen geschmälert werden. Es wird deutlich, dass Schutz viele Facetten besitzt und dass Menschen mit verschiedenen Zielen und unterschiedlicher Lebensgestaltung durchaus verschiedene Schutzinteressen entwickeln.

2-2 Schutzziele und Angreifer

Der Kunde will dem Händler natürlich mitteilen, welche Ware er kaufen möchte. Beim Einkauf möchte der Kunde sich gegenüber dem Händler nicht unbedingt identifizieren – er möchte anonym einkaufen. Im Gegensatz dazu will (bzw. muss) der Kunde sich gegenüber der Bank identifizieren, um sicherzustellen, dass die Zahlung ihm zurechenbar ist und von seinem Konto erfolgt. Gegenüber der Bank möchte der Kunde jedoch geheim halten, welche Ware er kaufen will. Deshalb ist für die Zahlung der Bank an den Händler wesentlich, dass die Bank durch diesen Vorgang außer dem Preis nichts über die Ware erfährt. Außerdem darf in dieser Phase die Anonymität des Kunden gegenüber dem Händler nicht zerstört werden. Es soll jedoch gewährleistet werden, dass die Zahlung an die richtige Person (den richtigen Händler) erfolgt. Ein potenzieller Angreifer, vor dem sich die Kommunikationspartner in diesem Szenario gemeinsam schützen müssen, ist der (bzw. sind die) Telekommunikationsprovider. Er kann im schlimmsten Fall die ganze Kommunikation samt den Nachrichteninhalten abhören und für sich nutzen (z. B. durch Erstellung von Nutzungsprofilen, Modifikation von Nachrichten oder Weitergabe von Informationen). Ein Angreifer im „herkömmlichen Sinne" – der Bankräuber – kann in Bezug auf den Kunden nur geringeren Schaden anrichten als Händler, Bank oder Telekommunikationsprovider könnten.

2-3 Schutz vor welchen Angreifern

Vertraulichkeit schützt gegen passive Angreifer auf der Übertragungsstrecke, die Nachrichteninhalte abhören wollen. Die Kommunikationspartner wenden gemeinsam Mechanismen an (z. B. Verschlüsselung beim Sender und Entschlüsselung beim Empfänger), die ihre vertraulichen Daten gegen Offenbarung gegenüber Dritten schützen. Zu Vertraulichkeit siehe auch Aufgabe 2-5.

Integrität schützt gegen aktive Angreifer auf der Übertragungsstrecke, die Nachrichteninhalte modifizieren oder zerstören wollen. Integritätsmaßnahmen wenden die Kommunikationspartner gemeinsam gegen Dritte an. Sie sichern jedoch nur, dass vorgenommene Modifikationen erkannt werden. Um dem Empfänger die korrekte Nachricht zuzustellen, muss eine Fehlerkorrektur vorgenommen oder die Nachricht erneut gesendet werden.

Anonymität schützt vor der Offenbarung der eigenen Identität vor dem Kommunikationspartner. Ein Sender oder Empfänger einer Nachricht kann Anonymitätsmechanismen benutzen, um seine Identität gegenüber Beteiligten nicht preiszugeben. Mitunter wird zur Erreichung von Anonymität die Unterstützung von Dritten benötigt. Das ist insbesondere dann der Fall, wenn die Anonymität auflösbar sein soll (das ist z. B. der Fall, wenn Anonymität und Zurechenbarkeit gleichzeitig umgesetzt werden sollen) und dementsprechend eine dritte Instanz die Zuordnung eines Pseudonyms zu einer realen Person vornehmen können muss.

Zurechenbarkeit kann bei der Nichterfüllung von Verantwortlichkeiten durch einen Kommunikationspartner helfen, dass andere Kommunikationspartner zu ihrem Recht kommen. Verpflichtet sich ein Teilnehmer gegenüber seinem Kommunikationspartner zurechenbar zu einer Aufgabe (zum Beispiel durch den Einsatz digitaler Signaturen) und erfüllt sie später nicht, so hat der letztere ein Beweismittel zur Verfügung, mit dem er vor Gericht die Erfüllung der Verpflichtung einklagen kann.
Erreichbarkeit regelt die Kontaktierbarkeit des Empfängers einer Nachricht. Für ihn bietet sie Schutz vor Störungen durch Kommunikationspartner (die Sender von Nachrichten). Dies erfolgt, indem entsprechend des eigenen Wunschs nach Störungsfreiheit beispielsweise eine Prioritätsstufe für eingehende Nachrichten definiert wird, die diese mindestens besitzen müssen, um zum Empfänger durchgestellt zu werden. Oft wird diese Aufgabe von Sekretär(inn)en ausgeführt, die in gewissen Situationen (z. B. Besprechungen) nur bestimmte Gespräche durchstellen. Dementsprechend muss der Sender einer Nachricht zuvor definieren, welche Priorität (oder Wichtigkeit) seine Nachricht besitzt.

2-4 Integrität und Verfügbarkeit

Integrität nimmt eine besondere Rolle ein; sie bildet die Grundlage der korrekten Datenübertragung und damit der Kommunikation an sich. Da die technische Integrität der heutigen Netze gegen Fehler ohnehin sehr hoch ist und somit als Kommunikationsgrundlage immer als gegeben vorausgesetzt werden sollte, ist sie nicht abwählbar im Sinne mehrseitiger Sicherheit. Es kann nur darüber entschieden werden, ob zusätzliche Mittel zur Erreichung von Integrität trotz intelligenter Angreifer eingesetzt werden sollen. Gleiches gilt für die Verfügbarkeit.

2-5 Schutzziel Vertraulichkeit

Jeder Teilnehmer eines Kommunikationsszenarios hat verschiedene Sichten auf und damit unterschiedliche Schutzbedürfnisse für die anfallenden Daten. Bei der Eröffnung eines Bankkontos sind Daten wie Name, Adresse des Kunden aus seiner Sicht personenbezogen; aus Sicht der Bank gehören diese Daten zum Geschäftsvorgang. Die Bank hat meist kein primäres Interesse am Schutz der Adressdaten des Kunden, aber zumindest ein sekundäres, da durch die Offenbarung der Daten ein Image- und Kundenverlust entstehen könnte.

Aus Sicht der Teilnehmer ist ein Schutzziel also die Vertraulichkeit der Inhaltsdaten. Dabei kann der Wunsch nach Vertraulichkeit für verschiedene Datensätze unterschiedlich stark sein.

Technische Mechanismen der Vertraulichkeit schützen die Inhalte der Kommunikation (also die übertragenen Daten) gegen Mitlesen durch nicht an der Kommunikation Beteiligte (auch: Dritte, Unbeteiligte genannt). Durch solche technischen Maßnahmen wird allerdings nicht bestimmt, wie mit den Daten nach Beendigung der Übertragung umgegangen wird – sie schützen also nicht vor dem „Weitererzählen" durch den Empfänger.

2-6 Welche Schutzziele mit welcher Gewichtung wählen?

Bei einer Anfrage an die Energieberatung wird es sich meistens um die Erfragung allgemein gültiger (öffentlicher) Tarife handeln. Es existiert in diesem Fall kein hoher Schutzbedarf. Sie können für alle Schutzziele relativ *niedrige Gewichtungen* wählen.

Bei der Steuerberatung kann das Schutzbedürfnis schon viel höher liegen: Sie wollen vielleicht nicht, dass Ihre Nachbarn mitbekommen, dass sie einen Steuerberater einsetzen (er könnte entweder denken, Sie seien zu dumm, die Steuererklärung selbst auszufüllen oder Sie verdienten horrende Summen). Hier wäre die Umsetzung von Unbeobachtbarkeit *angebracht*. Zusätzlich dazu handelt es sich um personenbezogene Daten, die *unbedingt* vertraulich zu halten sind. Da der Steuerberater entsprechend der geleisteten Rückzahlung zu vergüten ist, wäre die Zurechenbarkeit seiner Nachrichten *wünschenswert*.

Eine Anfrage bei der Drogenberatung (zumindest als Betroffener) bringt eine weitere Steigerung des Schutzbedürfnisses mit sich. Sie möchten jetzt nicht nur *unbedingt* unbeobachtbar sein und ihre Nachrichteninhalte *unbedingt* vertraulich halten. Jetzt wollen Sie sich auch vor der Identifikation durch den Drogenberater schützen und möchten deshalb *unbedingt* anonym sein. Dies gilt natürlich nur so lange, bis Sie sich zu einer Therapie anmelden.

2-7 Monotonie von Schutzzielen

Wollen Sie innerhalb eines Geschäftsvorgangs eine Aktion (hier z. B. die Bestellung) anonym ausführen, müssen Sie aufgrund des Monotonieverhaltens der Anonymität beachten, dass sie bereits von Beginn des Geschäftsvorganges an anonym sein müssen. Decken Sie Ihre Identität bereits vor oder auch nur bei der Bestellung auf, können Sie diese Information dem Händler nicht mehr entziehen.

Haben Sie Ihre Identität dem Händler leichtsinnigerweise preisgegeben, besteht die einzige Chance zu einer anonymen Bestellung darin, dass Sie sich eine neue digitale Identität schaffen (z. B. ein neues Pseudonym wählen) und mit dieser Identität einen neuen Geschäftsvorgang mit dem Händler starten. In dieser Situation kann es hilfreich sein, nach dem ersten Geschäftsvorgang einige Zeit verstreichen zu lassen oder den Verlauf des neuen Geschäftsvorgangs bewusst anders zu gestalten, um dem Händler eine Verkettung der ersten mit der neuen digitalen Identität zu erschweren oder im Idealfall unmöglich zu machen.

2-8 Implikationen zwischen Schutzzielen

a) Nein. Da Zurechenbarkeit Integrität impliziert, ist eine Nachricht durch die Verwendung von Zurechenbarkeitsmechanismen wie z. B. digitalen Signaturen implizit auch integer. Das erscheint auch logisch, wenn man bedenkt, dass der Nachweis, dass jemand eine Nachricht gesendet hat (Zurechenbarkeit), ohne Nachweis, was der Nachrichteninhalt war (also ohne Integrität), ziemlich sinnlos ist.

b) Nein, das ist nicht möglich. Um den Inhalt einer Nachricht zu verstehen, muss ich sie auch identifizieren können.

2-9 Ersetzende Wirkung von Schutzzielen

a) Haben Sie keine Mechanismen für die Umsetzung von Unbeobachtbarkeit zur Verfügung, können Sie versuchen, einen solchen kurzfristig von einem Provider (z. B. einem Mechanismen-Server im Internet) zu laden und zu installieren. Dabei müssen Sie jedoch die eventuell anfallenden Anschaffungskosten und den Aufwand für die Nutzung des Mechanismus berücksichtigen.

   Eine andere Variante wäre die Nutzung eines Sicherheitsgateways (siehe Kapitel 6) zur Umsetzung von Unbeobachtbarkeit.

b) Ist es nicht möglich oder z. B. aus Aufwandsgründen nicht erwünscht, Unbeobachtbarkeit umzusetzen, bietet die Kombination von Vertraulichkeit und Anonymität oder die Kombination von Verdecktheit und Anonymität einen schwachen Ersatz.
Die erste Ersatzvariante bietet zwar nicht den Schutz davor, dass Angreifer erkennen, dass und mit wem ich kommuniziere. Aber Sie bietet den Schutz der Nachrichteninhalte und den Schutz der Identität. Die zweite Ersatzvariante bietet noch etwas stärkeren Schutz durch die Verdecktheit: Es ist zwar zu erkennen, dass eine Kommunikation stattfindet, aber nicht, ob über das Versenden von Multimediadaten hinaus noch weitere Nachrichten verschickt werden (Steganographie). Der Schutz der Identität durch Anonymität ist gleichfalls gegeben.

2-11 Implikationen und Gewichtungen von Schutzzielen

Mittlere Sicherheit ist in der Benutzungsoberfläche für die meisten Schutzziele durch die Gewichtung *möglichst* umgesetzt. Für Vertraulichkeit sind die darunter liegenden Gewichtungen deaktiviert, d.h. nicht direkt auswählbar. Der Grund dafür sind die Implikationen zwischen Unbeobachtbarkeit, Verdecktheit und Vertraulichkeit. Vertraulichkeit kann nicht niedriger gewählt werden als Verdecktheit bzw. Unbeobachtbarkeit, da diese beiden Schutzziele Vertraulichkeit implizieren. Das bedeutet: Um die Gewichtung *notfalls* für Vertraulichkeit zu wählen, darf für Unbeobachtbarkeit und Verdecktheit ebenfalls höchstens die Gewichtung *notfalls* gewählt werden.

2-12 Monotonieverhalten

Die zwei Schutzziele Anonymität und Zurechenbarkeit haben ein besonderes Verhalten bezogen auf Folgen von mehreren Anwendungsaktionen. Ein Hinweisfenster der Benutzungsschnittstelle erscheint, wenn mit einer vorgenommenen Einstellung gegen dieses Monotonieverhalten verstoßen wird. Das kann auf verschiedenen Wegen provoziert werden:

1. Da *Anonymität* nur abnehmen kann, entsteht ein Verstoß gegen diese Eigenschaft, wenn in einer Folge von Aktionen die Anonymität erhöht werden soll. Eine Beispielkonfiguration: Stellen Sie für die Aktion „Katalogauskunft“ die Anonymität (*Ich will* oder *Der Partner soll anonym kommunizieren*) auf *keinesfalls* und für die Aktion „Preisauskunft“ die An-

onymität auf *möglichst* ein. Bei Betätigen des OK-Knopfes wird Ihnen ein Hinweis angezeigt.

2. Die Zurechenbarkeit soll innerhalb einer Geschäftstransaktion solange nicht abnehmen, bis ein entstandener Verpflichtungszustand erfüllt wurde. Dies wäre zum Beispiel der Fall für die Bestellung einer Ware über deren Lieferung bis zur Bezahlung. Ein Hinweisfenster wird angezeigt, wenn von einer korrekten Einstellung abgewichen wird. Beispiel: Für die ganze Geschäftstransaktion „Geschäftsabwicklung" ist Zurechenbarkeit auf *notfalls* eingestellt und für eine einzelne ihrer Aktionen - z. B. Warensendung – wird die Zurechenbarkeit geändert (erhöht oder heruntergesetzt), wird darauf hingewiesen.

3-1 Was wird signiert?

Digitale Signaturen werden auf Anwendungsebene verwendet, um Anwendungsdaten und Dokumenteninhalte zu signieren. Dies geschieht z. B., um einer eine Willenserklärung beinhaltenden E-Mail für den Empfänger Beweiswert zu verleihen, die Authentizität von Anwendungsdaten oder die Richtigkeit eines Dokumenteninhaltes zu bestätigen. Wichtig ist hierbei, dass Sender und Empfänger der Nachricht die digitale Signatur im Zusammenhang mit dem Anwendungskontext (z. B. dem Dokumenteninhalt) angezeigt bekommen. Denn digitale Signaturen machen nur im Anwendungskontext Sinn; nicht im reinen Kommunikationskontext.

3-2 Umgang mit digitalen Signaturen

Um in notwendigen Fällen vor Gericht beweisen zu können, dass der Kommunikationspartner sich verpflichtet hatte, eine Leistung zu vollbringen, muss der Empfänger die erhaltene Nachricht zusammen mit der digitalen Signatur auf seinem Endgerät abspeichern. Geht ihm dieses Beweismittel verloren, kann er eventuellen Beweispflichten nicht mehr nachkommen.
Für die Sicherung der Rechtsverbindlichkeit reicht also eine sichere Kommunikation nicht aus. Jetzt ist es auch notwendig, Daten längerfristig auf einem sicheren Endgerät aufzubewahren (vgl. Aufgabe 1–6b).

4-1 Kriterien für die Auswahl von Mechanismen

Viele Kriterien können die Auswahl eines Sicherheitsmechanismus für die Umsetzung eines Schutzziels bestimmen. Dazu zählen:

- die kryptographische Stärke des Mechanismus, sein Ressourcenverbrauch bezogen auf das verwendete Endgerät, die Qualität der Implementierung und die verwendete Schlüssellänge
- die Leistungsanforderungen der Anwendung (Performance),
- die Kosten für Anschaffung und Wartung,
- der organisatorische Aufwand für die Nutzung eines Mechanismus,
- die Verbreitung bzw. die kurzfristige Verbreitbarkeit eines Mechanismus (d.h. die geschätzte Wahrscheinlichkeit, dass der Kommunikationspartner den Mechanismus besitzt oder kurzfristig beschaffen kann),
- die Anforderungen, die der Mechanismus an seine Anwendungsumgebung stellt (z. B. reicht ein symmetrischer Mechanismus aus, wenn ein vertrauenswürdiger Kanal zum Schlüsselaustausch existiert; sonst wäre ein asymmetrischer Mechanismus zu wählen).

Im wesentlichen ergeben sich die genannten und weitere Kriterien in Abhängigkeit von der Anwendung, dem System, der Netzumgebung und den organisatorischen Rahmenbedingungen.

4-2 Leistungsfähigkeit von Sicherheitsmechanismen

Die Leistungsfähigkeit von Sicherheitsmechanismen kann verschieden ausgelegt werden. Einige Aspekte der Leistungsbeschreibung sind:

- Durchsatz bzw. Verzögerungszeiten
- die Sicherheitsdienstleistung: Wie gut bzw. wie stark realisiert ein Mechanismus ein gewünschtes Schutzziel? Um Vertraulichkeit zu erreichen, könnte z. B. statt des Einsatzes von Verschlüsselung die zu schützende Information in vielen kleinen „Portionen“ auf verschiedene Datenträger im Netz verteilt werden.
- Robustheit: Was passiert, wenn eine Systemanforderung, die ein Mechanismus stellt, nicht erfüllt wird? Dies ist beispielsweise schon der Fall, wenn ein geheimer Schlüssel kompromittiert (z. B. abgehört) wird.

In die SSONET-Sicherheitsarchitektur ist ein Leistungstest integriert, durch den die Verzögerungszeiten bei Anwendung eines Sicherheitsmechanismus ermittelt werden.

4-3 Zeitaufwand für Verschlüsselung und Entschlüsselung

Bei der Nutzung von symmetrischen Sicherheitsmechanismen ist es unerheblich, ob Sie eine Nachricht senden oder empfangen – in beiden Fällen entstehen ähnliche Verzögerungszeiten durch Ver- bzw. Entschlüsselung (Umsetzung des Schutzziels Vertraulichkeit) oder MAC-Generierung bzw. -Prüfung (Umsetzung des Schutzziels Integrität).

Bei der Nutzung asymmetrischer Sicherheitsmechanismen entstehen Unterschiede: Da beispielsweise bei RSA langsamer ver- als entschlüsselt wird, entstehen beim Senden vertraulicher Nachrichten höhere Verzögerungszeiten. Je nach verwendetem Signatursystem und Parameterwahl können die Verzögerungszeiten für das Signieren oder Testen von Signaturen größer sein. Diese Asymmetrie auch in den Verzögerungszeiten muss abhängig von der Leistungsfähigkeit des Endgeräts und den Anforderungen der Anwendung bei der Auswahl der Mechanismen für Vertraulichkeit und Zurechenbarkeit in der Grundkonfiguration berücksichtigt werden.

Alternativ kann der Einsatz eines externen zwischengeschalteten Gateways, das die zeitraubende kryptographische Operation statt des eigenen Endsystems übernimmt, von den diesbezüglichen Konfigurationsproblemen befreien.

4-4 Weshalb Schlüssel?

a) Es geht auch ohne Schlüssel: Für symmetrische Kryptographie müssen zwei Teilnehmer dann jeweils einen geheimen, nur ihnen bekannten (und kryptographisch guten) Algorithmus austauschen. Für asymmetrische Kryptographie müsste jeweils ein öffentlicher Algorithmus publiziert werden, aus dem dann der zugehörige geheime nicht hergeleitet werden kann.

b) Die Nachteile sind zahlreich und viele davon sind schwerwiegend:
   - Von wem erhalten die Teilnehmer gute kryptographische Algorithmen? Schließlich wollen auch Nicht-Kryptographen vertraulich und integer kommunizieren können, ohne dass jemand anderes, auch nicht der den Algorithmus oder das Algorithmenpaar erfindende Kryptograph, die Sicherheit brechen kann. Folglich müsste der erfindende Kryptograph beseitigt oder zumindest in Isolationshaft genommen werden, denn er kennt den geheimen Algorithmus. Während im Alter-

tum so etwas vorgekommen sein soll, verbietet es sich, seit allen Menschen, selbst Kryptographen, Menschenrechte zuerkannt werden.
- Wie soll die Sicherheit des kryptographischen Algorithmus analysiert werden? Jeder, der einen symmetrischen Algorithmus analysiert, ist genauso ein Sicherheitsrisiko wie der Erfinder. Bei asymmetrischen Algorithmen ist zumindest jeder, der zur Überprüfung der Sicherheit auch den geheimen Algorithmus erfährt, ein Sicherheitsrisiko.
- Eine Implementierung der kryptographischen Systeme in Software, Firmware oder gar Hardware ist nur möglich, wenn der Benutzer in der Lage ist, sie selbst durchzuführen. Andernfalls gilt für den Implementierer Gleiches wie für den Algorithmenerfinder.
- In öffentlichen Systemen, wo potentiell jeder mit jedem gesichert kommunizieren können möchte, wären nur Softwareimplementierungen mit Algorithmen- statt Schlüsselaustausch möglich – Firmware ist maschinenabhängig und Hardwareaustausch erfordert physischen Transport. Selbst bei Softwareimplementierungen besteht der Nachteil, dass die bei symmetrischen kryptographischen Systemen vertraulich und integer und bei asymmetrischen Systemen integer auszutauschende Bitmenge erheblich größer ist: Algorithmen (sprich: Programme) sind üblicherweise länger als Schlüssel.
- Eine Normung von kryptographischen Algorithmen wäre aus technischen Gründen unmöglich.

c) Die Hauptvorteile der Benutzung von Schlüsseln sind: Die kryptographischen Algorithmen können öffentlich bekannt sein. Dies ermöglicht
   + eine breite öffentliche Validierung ihrer Sicherheit,
   + ihre Normung,
   + beliebige Implementierungsformen,
   + Massenproduktion sowie
   + eine Validierung auch der Sicherheit der Implementierung.

4-5 Zwei Benutzungsoberflächen

Die Anwendungskonfiguration ist ein Werkzeug zur Formulierung bzw. Erfassung von Schutzinteressen, die Vertraulichkeit, Integrität, Anonymität und Zurechenbarkeit betreffen.

a) Die Oberfläche in Kapitel 2 unterscheidet darüber hinaus noch weitere Schutzziele (Verdecktheit, Unbeobachtbarkeit, Verfügbarkeit und Erreichbarkeit). Im Gegensatz zur Anwendungskonfiguration werden dort insbesondere existierende Wechselwirkungen zwischen Schutzzielen berücksichtigt und im System abgebildet: In Abhängigkeit von gewählten Gewichtungen einiger Schutzziele werden Gewichtungen der durch diese implizierten Schutzziele aktiviert bzw. deaktiviert und somit der Auswahlraum der Gewichtungen eingeschränkt oder erweitert. Weiterhin werden für bestimmte Schutzziele deren Monotonieeigenschaften im System abgebildet und eine dementsprechende Konfigurierung sichergestellt.

b) Um die erweiterte Funktionalität der Benutzungsoberfläche aus Kapitel 2 zu nutzen, müssen in die Grundkonfiguration Mechanismen für die neuen Schutzziele aufgenommen werden. z. B. Steganographie-Mechanismen für das Schutzziel Verdecktheit.

   Darüber hinaus müssen die Eigenschaften und Wechselwirkungen der Schutzziele berücksichtigt werden. Die Implikationen (siehe Kapitel 2.2) könnten zum Beispiel in der Form abgebildet werden, dass immer nur die Mechanismen für das „sicherste" Schutzziel (das implizierende) verwendet werden, da die Umsetzung dieses Schutzzieles das andere Schutzziel (oder die anderen Schutzziele) bereits impliziert. Zum Beispiel würde es aufgrund der Implikation „Unbeobachtbarkeit $\Rightarrow$ Verdecktheit" nicht mehr zwingend notwendig sein, Steganographie-Mechanismen zu nutzen, denn die Unbeobachtbarkeit sichert bereits, dass niemand erkennen kann, wer mit wem kommuniziert.

5-1 Einfaches Aushandlungsprotokoll

Ein einfaches Aushandlungsprotokoll könnte so aussehen:

Alice möchte ihre E-Mail verschlüsselt verschicken. Sie weiß nicht, was Bob für Schutzinteressen hat und kennt seinen öffentlichen Schlüssel (public key) nicht.

Sie schickt eine unverschlüsselte Nachricht an Bob, dass sie gern seinen öffentlichen Schlüssel (public key) hätte.

Bob kann nun verschieden reagieren:

1: Schickt er seinen zertifizierten, öffentlichen Schlüssel nicht an Alice, ist damit bereits jeder Versuch von Alice, ihre Nachrichten an Bob zu verschlüsseln, vereitelt.

2: Schickt Bob seinen Schlüssel an Alice, besitzt sie zwar seinen öffentlichen Schlüssel (der im Idealfall zertifiziert ist, damit Alice sich sicher sein kann, dass er authentisch ist) und kann ihm verschlüsselte Nachrichten schicken. Sie kann aber nicht voraussetzen, dass Bob in allen Kommunikationssituationen verschlüsselte Nachrichten akzeptieren wird. Wenn Alice ihm sehr große Dateien verschlüsselt schicken will, könnte das sein System überfordern und z. B. die Ausführungsgeschwindigkeit anderer Anwendungen in Mitleidenschaft ziehen. Oder stellen Sie sich vor, Bob ist gerade unterwegs und hat diesmal nur seinen Palmtop dabei. Er kann keine verschlüsselten Nachrichten akzeptieren, da der Palmtop nicht genügend Rechenkapazität besitzt. Die Nachricht muss warten, bis er wieder an seinem PC im Büro sitzt. Wäre er mit seinem Laptop unterwegs, wären verschlüsselte Nachrichten kein Problem gewesen.

5-2 Auswirkung verschiedener Interessen

a) Bestellt der Kunde nicht zurechenbar, geht er keinerlei Verpflichtungen ein. Dadurch wird das gesamte Risiko der Transaktion dem Händler aufgebürdet. Weiterhin spart der Kunde die Rechenleistung (die in diesem Fall noch sehr gering ist) und den organisatorischen Aufwand für die Erstellung der digitalen Signatur.

b) In diesem Konfliktfall hängt das Ergebnis der Aushandlung davon ab, ob einer der beiden Kommunikationspartner bereit ist, von seiner Sicherheitsforderung abzugehen und im Interesse des Zustandekommens des Kaufvorgangs den Wünschen des Kommunikationspartners nachzugeben. Realistischerweise wird der Händler wegen einem potenziellen Kunden nicht seine Geschäftsbedingungen ändern. Er gibt also nicht nach. Die Wahl liegt daher in diesem Szenario beim Kunden, den Forderungen des Händlers nachzugeben und zurechenbar zu bestellen. Tut der Kunde dies nicht (gibt also keiner der beiden Kommunikationspartner nach), wird keine Bestellung aufgegeben werden, da sie sich nicht auf gemeinsame Schutzziele einigen konnten. Es wird hieran deutlich, dass das kompromisslose Verfolgen von Einzelinteressen nicht notwendigerweise zur Kooperation von Teilnehmern führt.

Durch Kommunikation über ein Gateway (siehe Kapitel 6), das stellvertretend für den Kunden dessen Bestellung signiert, könnten Kunde und Händler bei *gleichen Interessen* und keiner Einigung auf Mechanismen (z. B. der Kunde will auch Zurechenbarkeit, besitzt aber keine Mechanismen dafür) ihre gemeinsamen Schutzziele umsetzen.

5-3 Gewichtung von Schutzzielen: Warum mehr als zwei?

a) Die Aushandlung funktioniert. Jedoch wird der Händler tendenziell alle Aushandlungen zu seinen Gunsten entscheiden. Da er die harten Forderungen stellt und der Kunde bereit ist nachzugeben, wird dieser in Fällen, wo beider Interessen nicht übereinstimmen, nachgeben. Der Kunde muss nicht nachgeben, wenn seine Interessen zufällig mit denen des Händlers übereinstimmen.

b) Zunächst müssen sich beide Teilnehmer darüber klar werden, welche Schutzinteressen sie haben. Dem Händler bereitet das keine Probleme, da er sich zuvor schon damit auseinandergesetzt hatte. Dem Kunden wird etwas Lerneifer und Denkarbeit abverlangt, die notwendig ist, um sich über Gefahren klar zu werden und sich zu schützen.

   Legen nun beide Kommunikationspartner vor der Aushandlung eindeutig fest, ob sie ein Schutzziel umsetzen möchten (JA) oder nicht (NEIN), so werden wesentlich mehr Aushandlungsversuche an einer nicht lösbaren Konfliktsituation scheitern. Bei einer Gleichverteilung der Gewichtungen JA und NEIN, wären selbst bei nur einem relevanten Schutzziel nur 50% der Aushandlungen erfolgreich.

c) Klar wird an dem vorangegangenen Beispiel, dass die Beschränkung auf 2 Gewichtungen zu viele Konfliktsituationen impliziert. Die verwendeten Sprachelemente sind also nicht geeignet, um einen großen Anteil der Aushandlungen zu einem erfolgreichen Ergebnis zu führen. Es muss mindestens ein Ausdruck EGAL eingeführt werden, mit dem man die Möglichkeit hat auszudrücken, dass man bereit ist, sich anzupassen. So hat auch der Kunde wieder die Möglichkeit, seine rücksichtsvolle Haltung einzunehmen (was im Interesse seines eigenen Schutzes jedoch nicht unbedingt zu empfehlen ist).

5-4 Gewichtung von Schutzzielen : Was tun bei EGAL?

a) Haben beide Kommunikationspartner EGAL gewählt, kann die Sicherheitsarchitektur keine Entscheidung über die Umsetzung eines Schutzzieles treffen, da weder eine Gewichtung für noch gegen die Umsetzung eines Schutzzieles angegeben wurde.

b) Gelöst werden kann dieses Problem einerseits, indem weitere Zwischenstufen für die Formulierung der Schutzinteressen (also weitere Gewichtungen) angeboten werden. Mit Hilfe dieser müssten sich die Kommunikationspartner mit einer Tendenz für oder gegen ein Schutzziel entscheiden, könnten aber trotzdem Kompromissbereitschaft signalisieren.
Beisp. für eine so entstehende 5-Stufung: JA → GERN → EGAL → UNGERN → NEIN.
Eine solche 5-Stufung wäre dazu geeignet, keine unnötigen harten Konfliktsituationen (JA ⇔ NEIN) und auch keine unnötigen Pattsituationen (EGAL ⇔ EGAL) entstehen zu lassen.
Im Extremfall kann noch diskutiert werden, nun die Gewichtung EGAL wegzulassen. Somit könnten Nutzer jedoch keine Indifferenz – d.h. Unentschiedenheit oder Gleichgültigkeit (EGAL, ob JA oder NEIN) – mehr ausdrücken.
Unter Umständen kann eine weitere (alternative oder kombinierbare) Lösung darin bestehen, eine Strategie „pro Sicherheit" in die Sicherheitsarchitektur zu integrieren. Aufgrund dieser würde im Fall EGAL ⇔ EGAL entschieden werden, dass ein Schutzziel umgesetzt wird. Die gleiche Strategie wäre für die Einstellungen GERN ⇔ UNGERN anzuwenden. Eine solche Strategie unterliegt jedoch einer eingeschränkten Anwendbarkeit (siehe Aufgabe 5-5).

5-5 -Strategie „pro Sicherheit"

Grundsätzlich kann die Strategie „pro Sicherheit" nur unter der Annahme angewendet werden, dass Ressourcen und Rechenzeit kein Problem darstellen. Das heißt auch, dass der Nutzer sich z. B. bei der Wahl der Gewichtungen *notfalls* oder *egal* darüber im Klaren sein muss, dass diese Auswahl ggf. zu einer Umsetzung dieses Schutzzieles und dem damit verbundenen Rechenaufwand etc. führen kann.

Unter dieser Annahme ist die Strategie „pro Sicherheit" problemlos für alle gleichgerichteten Schutzziele (siehe Kapitel 2.1.3) anwendbar.
Bei den entgegengerichteten Schutzzielen ist eine Strategie „pro Sicherheit" nicht möglich, da mehr Sicherheit für den einen weniger Sicherheit für den anderen bedeutet.
Außerdem ist es (für die Aushandlung grundlegend) wichtig, dass die richtigen Konfigurationsdaten miteinander verglichen werden. Für die Beispieloberfläche in Kapitel 2 bedeutet dies, dass z. B. die Einstellung „Ich will anonym kommunizieren" von Alice mit der Einstellung „Der Partner soll anonym kommunizieren" von Bob verglichen werden muss und umgekehrt. Gleiches trifft auch für Zurechenbarkeit und Erreichbarkeit zu. Für die Oberfläche in Kapitel 4 wurde Anonymität nicht umgesetzt. Die gegengerichteten Perspektiven für Zurechenbarkeit werden in der Anwendungskonfiguration der einzelnen Aktionen implizit abgefragt, da für diese der konfigurierende Teilnehmer jeweils als Sender oder Empfänger auftritt.

5-6 Datensparsamkeit

Nein, gegenüber einem anonymen Kommunikationspartner ist das nicht möglich. Selbst wenn man zu Beginn der Aushandlung Informationen über seine Schutzinteressen zurückhalten kann, um dem Kommunikationspartner die eigenen nicht zu offenbaren und dadurch dessen Entscheidungen nicht zu beeinflussen. Der Kommunikationspartner bzw. sein System muss irgendwann alle relevanten Informationen über meine Interessen erhalten, um über alle Aspekte des Schutzes aushandeln zu können. Hält man Informationen zurück, verlangsamt sich lediglich der Aushandlungsprozess. Der anonyme Kommunikationspartner kann mich beliebig oft, beliebig lange und beliebig tief über meine Sicherheitsinteressen ausfragen – sind seine Pseudonyme nicht verkettbar, kann ich keine sinnvolle Datensammlung über dessen erlangte Informationen anlegen. Ist der Kommunikationspartner identifizierbar, kann ich die gesammelten Daten zuordnen und so seine Ausforschungsmöglichkeiten meiner Interessen begrenzen. Das Aushandlungsergebnis selbst kann durch Datensparsamkeit beeinflusst werden.

5-7 Aushandlungsreihenfolge: Schutzziele und Sicherheitsmechanismen

In der folgenden Tabelle sind einige Argumente zur Reihenfolge der Aushandlung über Schutzziele und Sicherheitsmechanismen aufgeführt:

Variante A (top-down): **Schutzziele → Sicherheitsmechanismen**	**Variante B (bottom-up):** **Sicherheitsmechanismen → Schutzziele**
- Schutzziele sollten zuerst ausgehandelt werden. Denn es lohnt sich nicht, über Sicherheitsmechanismen auszuhandeln, wenn noch gar nicht klar ist, welche Schutzziele wirklich umgesetzt werden sollen. - Nachteil: Wird nach erfolgreicher Aushandlung über die Schutzziele festgestellt, dass die entsprechenden Sicherheitsmechanismen nicht vorhanden sind, scheitert die Aushandlung an diesem Punkt. Es können Gegenmaßnahmen ergriffen werden, z. B.: 1. Erneutes Aushandeln über Schutzziele. Unklar ist, inwieweit somit eine unvoreingenommene Bildung der Schutzinteressen möglich ist (wenn dabei auf das Vorhandensein von Sicherheitsmechanismen Rücksicht genommen wird). 2. Nachladen des Mechanismus von Internet-Server. 3. Einsatz eines Sicherheitsgateway.	- Werden die Sicherheitsmechanismen zuerst ausgehandelt, sind diese auf jeden Fall vorhanden, falls man sich auf das betreffende Schutzziel einigt. - Es wäre möglich, dass über Sicherheitsmechanismen ausgehandelt wird und während der Aushandlung über die Schutzziele dann klar wird, dass dies überflüssig war, da dieses Schutzziel nicht umgesetzt werden soll. - Die Gefahr besteht, dass Teilnehmer Sicherheitsmechanismen nicht anbieten, um zu vermeiden, über die entsprechenden Schutzziele aushandeln zu müssen (Vortäuschen des Nichtbesitzes von Sicherheitsmechanismen, um die eigenen Interessen nicht explizit machen zu müssen).

In SSONET wird zuerst über die Schutzziele und anschließend über die Sicherheitsmechanismen ausgehandelt, weil davon ausgegangen wird, dass Sicherheitsmechanismen in Zukunft von Servern im Internet kurzfristig nachladbar sind oder dass Sicherheitsgateways Sicherheitsmechanismen umsetzen werden.

5-8 Schutz der Aushandlung

a) Ja, die Aushandlung muss gesichert werden, weil sonst mindestens ein Man-in-the-middle-Angriff möglich ist. Das bedeutet, dass ein Angreifer die Aushandlungsnachrichten, die zwischen den Kommunikationspartnern ausgetauscht werden, manipulieren/ modifizieren kann, z. B. indem er Attribute ändert. Das kann dazu führen, dass die Kommunikationspartner irritierende Meinungen voneinander gewinnen. Im schlimmsten Fall würden sich die Kommunikationspartner aufgrund der Manipulation nicht auf ein Aushandlungsergebnis einigen können (Dies wäre auch durch Kappung des Kanals möglich, was aber auffallen würde).

b) Wenn für die Aushandlungsphase noch keine gemeinsamen Schutzziele und Sicherheitsmechanismen der beiden Kommunikationspartner vorliegen, ist keine Sicherung der Aushandlungsschritte möglich. Ein Ausweg wäre, dass die Sicherheitsarchitektur für die Aushandlung bereits einen minimalen Grundsatz (Standard-Set) an Schutzzielen festlegt und dazu benötigte Sicherheitsmechanismen mitliefert.

c) Ersatzweise wäre anzustreben, dass sich die Kommunikationspartner während der Aushandlung auf Zurechenbarkeit und einen Zurechenbarkeitsmechanismus einigen, um damit bereits das Ergebnis ihrer Aushandlung digital zu signieren. Dadurch kann gesichert werden, dass ein Angreifer den Kommunikationspartnern nicht auf Dauer irritierende Einstellungen unterschieben kann. Spätestens beim Signieren wird klar, dass vorherige Aushandlungsschritte manipuliert waren. Wichtig ist dabei jedoch, dass die Testschlüssel für die digitalen Signaturen zertifiziert sind, so dass der Angreifer die digitale Signatur nicht fälschen kann.

5-9 Digitale Signaturen

Der Kunde ist bereit, eine digitale Signatur für seine Bestellung zu leisten. Der Händler will diese Signatur testen. Dies kann er nur mit dem vom Kunden benutzten Mechanismus tun, da er sich zum Testen der digitalen Signatur dem Partner anpassen muss. Also wählt der Händler ebenfalls RSA. Sollte der Kunde mehrere Signaturmechanismen zur Auswahl angeboten haben, kann der Händler einen davon wählen.

Umgekehrt muss sich der Kunde dem Händler anpassen, wenn dieser eine Nachricht beim Senden digital signiert (z. B. ein verbindliches, kundenbezogenes Angebot). Der Kunde kann die digitale Signatur nur mit dem vom Händler benutzten Mechanismus testen.

Im Gegensatz dazu wird bei der Ermittlung eines gemeinsamen Verschlüsselungsmechanismus (Schutzziel Vertraulichkeit) echt ausgehandelt.

6-1 Nutzen von Sicherheitsgateways

Sicherheitsgateways werden eingesetzt, wenn sich Kommunikationspartner über gemeinsame Schutzziele einigen konnten, während der weiteren Aushandlung aber festgestellt wird, dass sie keine kompatiblen Sicherheitsmechanismen zur Verfügung haben bzw. einsetzen wollen. Mit Hilfe der Gateways kann dann einer (oder mehrere) Kommunikationspartner die Umsetzung des Schutzziels über ein Gateway realisieren, so dass trotzdem eine gesicherte Kommunikation zustande kommen kann.

Sicherheitsgateways können also eine gesicherte Kommunikation gewährleisten, obwohl Kommunikationspartner inkompatible Präferenzen für Sicherheitsmechanismen konfiguriert haben. Ein Gateway kann u.U. auch dann eine sichere Lösung bieten, wenn ein Kommunikationspartner keinen Sicherheitsmechanismus zur Verfügung hat.

6-2 Standort von Sicherheitsgateways

a) Bei der *lokalen* Variante des Gateways wird die digital signierte Nachricht vom Teilnehmer A direkt an Teilnehmer B geschickt. Dieser schickt die erhaltene Nachricht an sein Gateway, um die digitale Signatur testen zu lassen. Das Gateway sendet eine Nachricht mit der Bestätigungs- oder Fehlermeldung an Teilnehmer B zurück. Unter der Annahme, dass nur ein Gateway benutzt wird (natürlich könnte Teilnehmer A seine digitale Signatur auch von einem Gateway erstellen lassen), werden drei Nachrichten benötigt, um die Nachricht zu übertragen und die digitale Signatur für den Empfänger B zu testen. Beim Einsatz eines *intermediären* Gateways würde A die signierte Nachricht direkt an das Gateway schickken. Das Gateway sendet die Nachricht mit der Meldung über die korrekte oder inkorrekte digitale Signatur an den Teilnehmer B. Es werden also nur zwei Nachrichten übertragen, wobei Sender und Empfänger wie bei der Arbeit ohne Gateway jeweils eine Nachricht senden oder empfangen. Aus der Sicht desjenigen, der das Gateway benutzt, spart die Umsetzung über ein intermediäres Gateway einen kompletten Nachrichtenaustausch. Dies kann sich insbesondere bei zeitkritischen Anwendungen (z. B. Videokonferenz) auswirken.

b) Trotz des höheren Nachrichtenaufwands (zumindest für den Nutzer des Gateways) bieten *lokale* Gateways einige Vorteile:

1. Der Teilnehmer kann ein Gateway einschalten, *ohne* zuvor mit dem Kommunikationspartner darüber zu *verhandeln*. Es sind keine Änderungen in der Kommunikation zwischen Sender und Empfänger notwendig.

2. Die Nutzung eines lokalen Gateways ist für denjenigen, der es nicht benutzt, völlig transparent.

3. Der Empfänger erhält bei Einsatz eines lokalen Gateways die *Originalnachricht*, solange nicht ein Man-in-the-middle-Angriff in Zusammenarbeit mit dem Gateway erfolgt. Ein intermediäres Gateway kann unerkannt modifizieren.

4. Das lokale Gateway ist *flexibler* einsetzbar. Die Teilnehmer müssen das Gateway nicht immer benutzen, sondern können es je nach Anwendungsfall einschalten (z. B. kann möglicherweise der Test bei digitalen Signaturen unter eher irrelevanten Nachrichten entfallen oder auf später verschoben werden.

Einen Nachteil bringt das intermediäre Gateway mit sich: Mindestens die Kommunikationsadressen der aufgebauten Verbindung, meistens auch die Datenformate unterscheiden sich von denen einer Verbindung ohne Sicherheitsgateway.

6-3 Gateway trotz kompatibler Mechanismen?
Es gibt Situationen, in denen ein Teilnehmer trotz vorhandener Sicherheitsmechanismen ein Schutzziel über ein Gateway umsetzen lässt. Stellen Sie sich zum Beispiel vor, dass der Teilnehmer für seine Anwendung eine gute Performance benötigt (z. B. eine Videokonferenz) und zwischen den Teilnehmern ein asymmetrisches Verfahren benutzt werden soll. Ein leistungsfähiges Gateway könnte in dieser Situation das Teilnehmer-System entlasten, indem der Teilnehmer mit ihm symmetrische Verfahren verwendet.

6-4 Anwendbarkeit für welche Schutzziele?
Gateways sind primär für die Umsetzung solcher Schutzziele geeignet, für deren korrekte Umsetzung dem Gateway nicht vertraut werden muss, wenn

dessen Funktion also kontrollierbar ist. Das ist realisierbar für *Integrität* und *Zurechenbarkeit*. Angriffe des Gateways bestehen in der Verfälschung von Nachrichten, was von den Teilnehmern entdeckt und dem Gateway dann im Falle von Zurechenbarkeit leicht nachgewiesen werden kann. Bei der Umsetzung von Integrität oder Zurechenbarkeit ist also kein blindes Verrauen der Teilnehmer in das Gateway nötig, sondern nur durch die Teilnehmer überprüfbares Vertrauen.

Für Vertraulichkeitseigenschaften ist das nicht mehr so einfach. Jetzt gelangt das Gateway bei der Umsetzung der Daten von einem Verschlüsselungsmechanismus auf einen anderen in Kenntnis des Klartexts, dessen Offenbarung durch das Schutzziel Vertraulichkeit verhindert werden soll. Das bedeutet, dass das Schutzziel *Vertraulichkeit* nur unter der Bedingung über ein Gateway umgesetzt werden kann, dass der Teilnehmer dem Gateway blind vertraut.

12.4 Pakete und Klassenhierarchie

Die Tabelle 27 führt alle im Projekt entstandenen Pakete an und gibt eine kurze Beschreibung. Die grau hinterlegten Pakete sind Beispielanwendungen, mit denen die Funktionalität der SSONET-Architektur getestet und demonstriert werden kann.

Die Klassenhierarchie wird zur besseren Übersichtlichkeit in drei Teilbäumen dargestellt. Abbildung 43 enthält Klassen mit einfacher Hierarchie nach Paketen gegliedert. Diese Gliederung ist für die Abbildung 44 und die Abbildung 45 ungeeignet, da die Hierarchie Paketgrenzen überschreitet. Die grau hinterlegten Klassen sind in der Java-Laufzeitbibliothek enthalten.

catalog.awt	Teleshoppingbeispiel: Benutzungsoberfläche
catalog.customer	Teleshoppingbeispiel: Kunde
catalog.merchant	Teleshoppingbeispiel: Händler
catalog.net	Teleshoppingbeispiel: Netzkommunikation
catalog.zip	Teleshoppingbeispiel: Katalogdatei-Bearbeitungsfunktionen
client_server	„Hello World"-Beispiel
help	Funktionalität für kontextsensitive Hilfe
rating	interaktive Bewertung von Schutzmechanismen
smi.appConf	Anwendungskonfiguration (konfiguriert Schutzziele)
smi.awt	Nuteroberfläche des Security Management Interface
smi.baseConf	Grundkonfiguration (konfiguriert Schutzmechanismen), Geschwindigkeitstest
smi.baseConf.locale	Internationalisierung (Sprachumschaltung Deutsch/Englisch)
smi.io	frei konfigurierbare Ein-/Ausgabeströme (IOStreams)
smi.mechanisms	abstrakte kryptographische Funktionalität
smi.mechanisms.accountability	Hüllklassen für Zurechenbarkeits-Mechanismen
smi.mechanisms.anonymity	Hüllklassen für Anonymitäts-Server (Beispiel)
smi.mechanisms.confidentiality	Hüllklassen für Vertraulichkeits-Mechanismen
smi.mechanisms.integrity	Hüllklassen für Integritäts-Mechanismen
smi.util	Sonstiges für SMI
sproxy	Beispiel für anwendungsunabhängigen Protokollschutz
sproxy.awt	Benutzungsoberfläche des verteilten Proxys
sproxy.client	Proxy auf Client-Seite
sproxy.server	Proxy auf Server-Seite
ssonet	Kern der SSONET-Architektur: Aushandlung und Konfliktbehandlung, Datentypen, Schlüsselaustausch, Identitätsprüfung
state	Visualisierung von Aushandlungsergebnissen und Konflikten

Tabelle 27: Übersicht über die Pakete

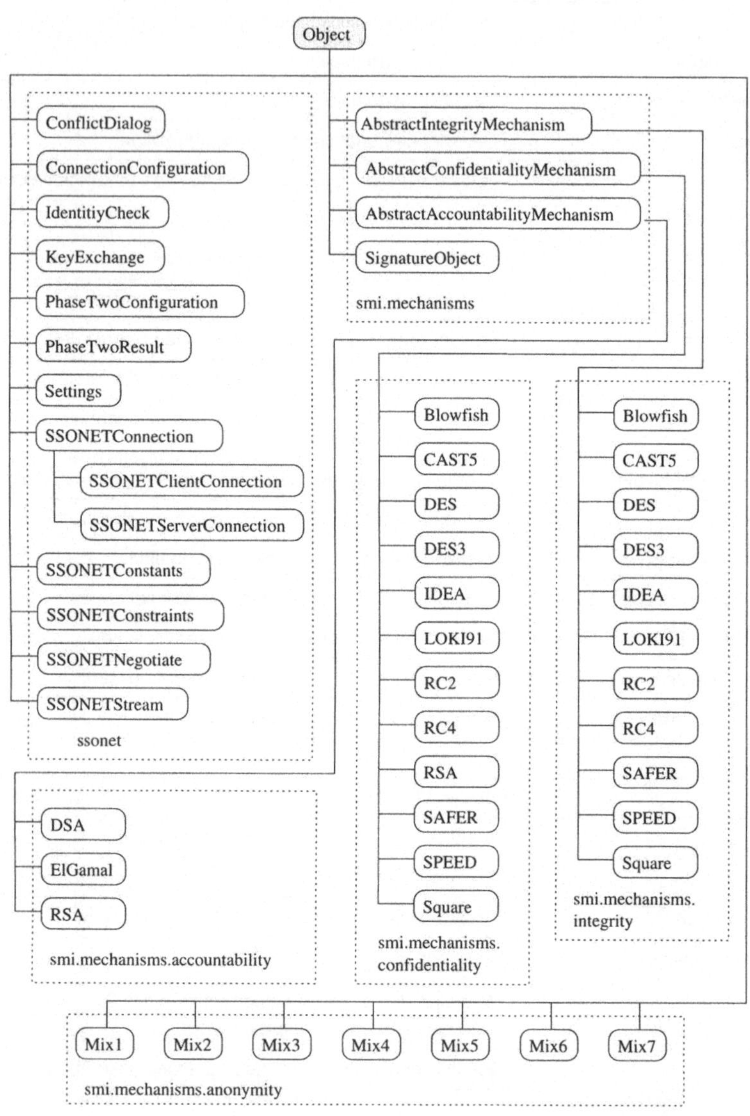

Abbildung 43: Übersicht über die Klassenhierarchie – Teil 1

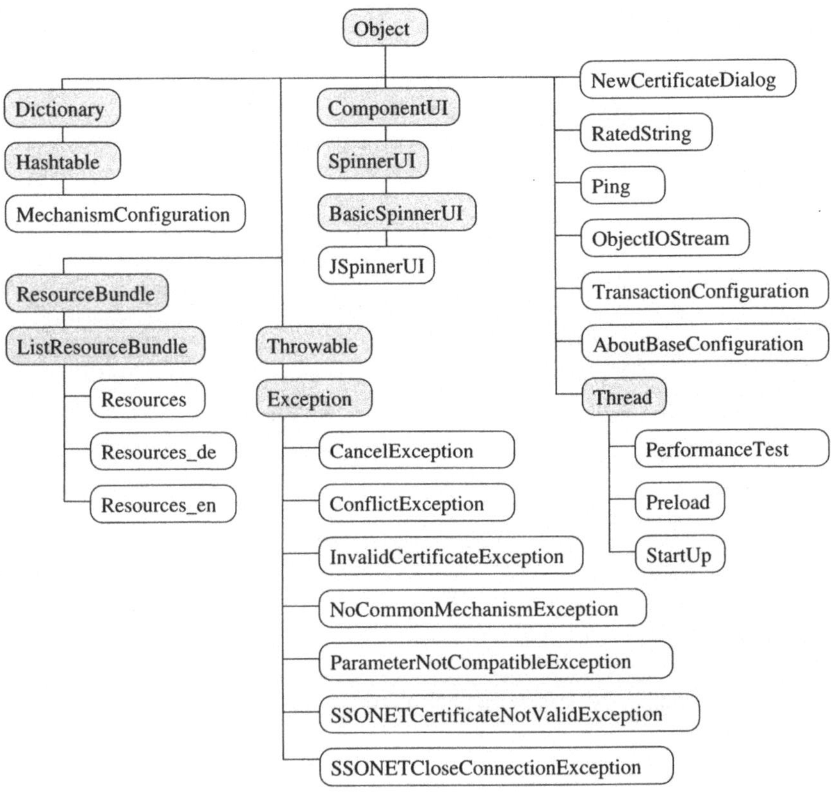

Abbildung 44: Übersicht über die Klassenhierarchie – Teil 2

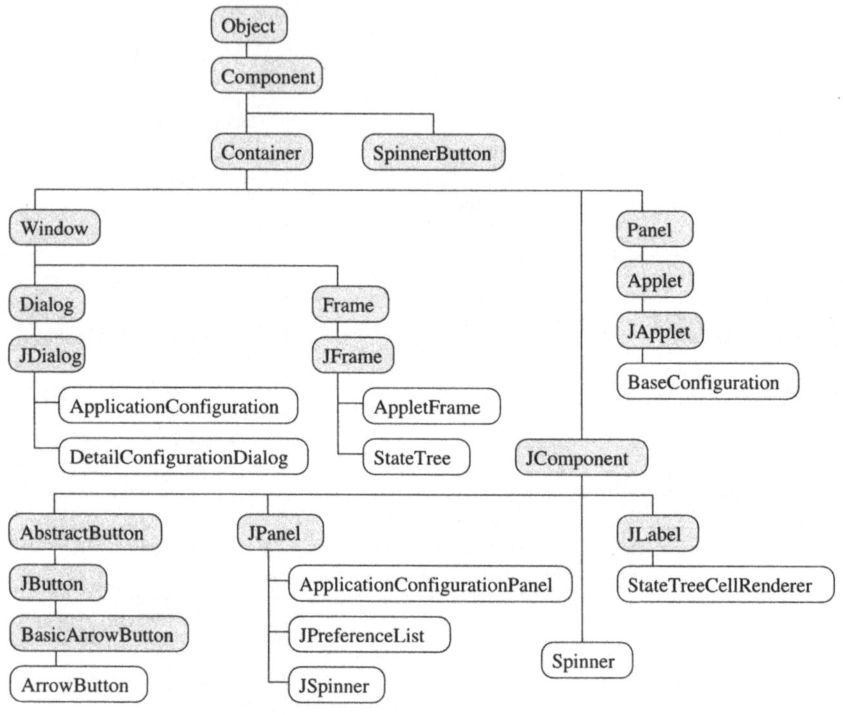

Abbildung 45: Übersicht über die Klassenhierarchie – Teil 3

Stichwortverzeichnis